何为真正生活

La vraie vie
Je vous sais si nombreux…

[法] 阿兰·巴迪欧（Alain Badiou）/ 著

蓝 江 / 译

中国人民大学出版社
· 北京 ·

编者说明

2016 年 9 月，阿兰·巴迪欧的《何为真正生活》(*La vraie vie*) 一书由法国法雅（Fayard）出版社出版，书中收录了巴迪欧的三场讲座的文本内容。2017 年 10 月，巴迪欧的另一本演讲作品《我如此了解你们……》(*Je vous sais si nombreux...*) 也由法雅出版社出版。

考虑到作品的篇幅，在简体中文版引进出版时，我们将这两部作品辑为一册出版，将原书中的"本书说明""本书前言"等改为"本篇说明"及"本篇前言"。

中国人民大学出版社

目　录

何为真正生活

本篇说明

本篇的基础是几次讲座。这几次讲座都是讲给年轻人听的，并被传达到很多地方，包括高校和其他机构，有法国的，也有海外的（尤其是比利时和希腊），还有我自己的研讨课上。其中一部分（"论男孩的当代命运"）已经在弗洛伊德论战争的论文集《战争人类学》（*Anthropologie de la guerre*, Fayard, 2010）中以全书的后记方式发表了。我在这里给出的是三次讲座的最新版，其中的主要观念肇始于对当代青年与真正的生活之间关系的讨论，一般来说，这个讨论首先取决于你是男孩，还是女孩。

第一章

今天，做年轻人：
意义与无意义

何为真正生活

我们从一个事实开始：我今天 79 岁了。那么，我到底为什么要谈一下年轻人？还有，为什么我应当向年轻人谈年轻人？难道他们不应当自己谈一下他们作为年轻人的经历吗？难道我在这里，要像一些了解生活风险的老家伙一样来给年轻人上一堂智慧的课，告诫年轻人要小心谨慎，要保持平静，对这个世界听之任之？

你们或许会看到，我希望你们做的恰恰相反，我告诉年轻人生活给他们提出的问题，即为什么绝对有必要去改变世界，因此为什么必须去面对风险。

不过，我会从一个略微跑题的问题开始，即从哲学史上的一个著名的篇章开始。哲学之父苏格拉底，在被指控"败坏年轻人"之后被判处死刑。有史以来哲学的第一个记录是以控告的形式出现的：哲学败坏年轻人。所以，如果我们接受这个观点，我们就可以简单地说：我的目的就是去败坏年轻人。

但在指控苏格拉底败坏年轻人，判决他死刑的法官那里，"败坏"是什么意思？这种"败坏"不可能涉及金钱。它也不是你们今天在媒体上读到的那些"丑闻"，那些腰缠万贯的富人会在一个或另一个国家的体制内来拓展其势力。当然，这并不是法官控告苏格拉底的罪名。相反，我们不要忘了，苏格拉底对他的对手（所谓的智者）的一个批评，恰恰就是他们收钱。苏格拉底免费"败坏"年轻人，也就是说，他给年轻人上革命课程，而智者大大方方收钱开课，教的却是机会主义。所以，"败坏年轻人"，在苏格拉底那里，当然不是钱的问题。

苏格拉底的"败坏"也不是道德败坏，不是你们在媒体上可以读到的那种性丑闻。相反，苏格拉底，或者柏拉图笔下的苏格拉底——或者柏拉图创作的苏格拉底——的观点，有一种爱的崇高的概括，这个概括并没有将爱与性分开，但是，随着主观上的升华，爱与性逐渐分开。可以肯定，这种升华可能或者应当是从与美丽身体的接触开始的。不过这种接触不能简化为单纯的性快感，因为这是通向苏格拉底所谓的美的观念的物质基础。因此，爱最终是新思想的诞生，它不仅仅产生于性，也产生于臣服于思想的性爱。这种爱－智慧，就是知识和精神自我建构的一部分。

最后，哲学家"败坏"年轻人既不是钱的问题，也不是快感的问题。那么，它是借助权力来败坏的吗？性、金钱、权力是一个三元组，腐败的三元组。苏格拉底败坏年轻人，也就是说他使用了引诱性的言辞来牟取权力。哲学家假借年轻人，来牟取权力或权威。年轻人被用来服务于他的野心。所以，在这个意义上，败坏年轻人，就是将他们的天真纳入尼采所说的权力意志当中。

让我们再说一遍：恰恰相反！正如柏拉图所见，苏格拉底十分明确地谴责了权力的腐败本质。是权力而不是哲学家在败坏。在柏拉图的作品中，他对僭政，对权力欲望都进行了无情的批判。不能滋长这种权力欲望，他以非常明确的方式谈了这个问题。甚至有一个完全相反的信念：哲学可以服务于政治，但不是服务于权力意志的政治，而是服务于大公无私的政治。

因此，你们会看到，我们最终会得出一种完全不同于权力的野心和尔虞我诈争斗的哲学概念。

在这里，我想为你们读一段柏拉图《理想国》当中的话，是我自己的翻译，一个非同寻常的译本。如果你们想读这段话，可以在我的纸版书中读到。在封面上给出的信息是：阿兰·巴迪欧（作者名字），下面是《柏拉图的理想国》（书的名字）。那么，谁写了这本书？柏拉图？巴迪欧？还是苏格拉底？苏格拉底从来没有写过任何东西。我承认，这是一个傲慢的标题。但这是一本充满活力的书，对于今天的年轻人来说，这本书可能比柏拉图《理想国》的正规译本更通俗易读。

在我要给你们读的段落中，柏拉图问了他自己一个问题：权力与哲学的问题。权力与哲学之间的关系究竟是什么？

苏格拉底与两个对谈者谈话，事实上这两个对谈者也是两位年轻人，这就是为什么说在这里我们并没有抛下我们的主题。有两个年轻男孩，一个是格劳孔，另一个是阿德曼托斯。他们在我的现代版本中，变成了一个男孩——格劳孔和一个女孩——阿曼达。如果你们谈年轻人的话，你们在今天可以拥有的就是女孩和男孩有着同样的基础。下面就是对话：

何为真正生活

苏格拉底：如果我们能够为他们提供一种生活，远远优于向他们承诺的生活，那么我们就有可能获得一种真正的政治共同体。因为上台执政的都是这样的人：对他们来说，财富并不等同于金钱，而是获得幸福的手段，幸福就是真正的生活，充满了丰富的思想。反之，如果冲向公共服务的人全都贪图个人利益，并且确信权力总是有利于私人财产的存在和扩大，那么任何真正的政治共同体都不可能出现。这些人凶残地为权力而战，而这场混杂着私人激情和公共力量的战争会在摧毁这些至高职位追求者的同时，也摧毁整个国家。

格劳孔：多么丑陋的画面呀！

苏格拉底：可是，你告诉我，你见过什么样的生活会蔑视权力和国家吗？

阿曼达：当然见过！真正哲学家的生活，苏格拉底的生活！

苏格拉底（开心）：休要夸张。让我们一致认同这一点：爱权力的人不能执掌权力。否则的话，我们就只能看到权力追求者之间的战争。这就是为什么数量庞大的民众必须轮流献身于政治共同体保卫事业。我会毫不犹豫地称这些大众为哲学家，他们都

何为真正生活

对一己私利漠不关心，本能地懂得如何为公众服务，但也知道除了出入国家办公室带来的荣誉之外，还存在着其他形式的荣誉，比起政治领导人的生活，还有另一种更为可取的生活。

阿曼达（喃喃地说道）：真正的生活。

苏格拉底：真正的生活。它并非不存在。或者说，它并非完全不存在。

那么你们已经明白了。哲学的主要问题就是真正的生活。什么是真正的生活？这就是哲学家的唯一问题。还有，如果存在着败坏年轻人的行为，不是出于金钱、快感、权力的目的，那就是为了让年轻人明白有着比所有事物更好的东西：真正的生活。某种值得的东西，某种值得去过的生活，这种生活远胜于金钱、快感和权力。

我们不要忘记，"真正的生活"是兰波的短语。现在有一位真正的年轻人的诗人：兰波。有人从兰波的整个人生经历中创作诗歌，仿佛这是一个开端。也就是他，在绝望之时，摧人心魄地写下了这样的话："真正的生活尚未到来。"

哲学告诉我们，或者说它不惜一切代价地想要告诉我们，尽

何为真正生活

管现在并不是真正的生活，但真正的生活绝不会永不到来。在某种程度上，真正的生活就是哲学家试图展现的东西。他之所以"败坏"年轻人，是因为他试图向年轻人说明，有一种错误的生活，一种被破坏的生活，这种生活就是为牟取权力、攫取金钱而进行的残酷的斗争。在任何情况下，生活都被简化为对直接冲动的单纯的满足。

大体上，苏格拉底说（我现在要按照他的说法来说），为了获得真正的生活，我们必须与各种偏见、预先给定的观念、盲从、随性的习惯以及不受约束的竞争进行斗争。在根本上，"败坏"年轻人仅仅意味着一件事情：确保年轻人不会按照业已被绘制出来的路径前进，他们不仅仅可以遵从社会习俗，也可以创造新事物，提出走向真正的生活的完全不同的方向。

归根结底，我认为出发点在于，苏格拉底相信年轻人有两个内在敌人。这两个内在敌人让他们远离了真正的生活，让他们认识不到他们自己创造真正的生活的潜力。

第一个敌人是所谓的当下生活的激情，追求娱乐、快感、一晌之欢、歌曲、瞬间的放纵，吸食大麻，玩些愚蠢的游戏。所有这些都存在着，苏格拉底并不打算否认这些东西。一旦这些东西确立起来，一旦这些东西被推向极端，一旦激情产生了日复一日的醉生梦死，一旦生活依赖于时间上的及时寻欢，在这种生活中，就看不到未来，或者说未来完全是晦暗不明的，那么你们所得到的只是一种虚无主义，一种没有统一意义的生活概念，亦即缺乏意义的生活，最终无法走向真正的生活。这种"生活"，将时间分割为若干好的瞬间和若干坏的瞬间，最终，拥有足够多的好的瞬间，而且只拥有这些瞬间，就成了生活所希冀的东西。

最终，这种生活概念打破了生活本身的观念，这就是为什么这种生活的意象也就是死亡的意象。这就是柏拉图明确说明的非常深刻的观念：当生活以这种方式从属于及时行乐时，生活本身就支离破碎了，化为灰烬，它自己变得无法辨识自身，也没有任何稳固的意义。用弗洛伊德和精神分析的术语来说，这种生活意象，就是死亡驱力暗地里寓居于生命驱力之中的意象（柏拉图在很多方面经常预期了这一点）。在无意识层面上，死亡掌控着生活，摧毁着生活，让生活不再有潜在的意义。这就是年轻人的第一个内在敌人，因为他们不可避免地会有这种经历。他们必须痛苦地经受着当下的致命的力量。哲学的目的并不是否定内在死亡的生活经历，而是去超越它。

年轻人的第二个内在敌人似乎恰恰相反：追求成功的激情，让自己变得富有，获得权力，飞黄腾达的观念。这种观念并不是在当下直接耗散自己，恰恰相反，它是要在既定社会秩序中获得一个好的地位。那么生活变成为了飞黄腾达而进行的策略上的总体算计，甚至意味着你得比别人更好地顺从于既定秩序，而在其中功成名就。这并不是快感的瞬间满足的机制，它是经过深思熟虑的、高度有效的计划。在你们的良好教育开始前，你若要成为最优秀的一分子，就必须谨慎择校。你最终要读上像亨利四世中学 [①]（Henri IV）、路易大帝中学 [②]（Louis-le-Grand）那样的学校，碰巧，我自己也是那里毕业的。如果有可能的话，你可以沿着同

---

① 亨利四世中学是法国中高等教育学校，位于巴黎市中心第五行政区的拉丁区。学校一共接收 2 500 多名学生，从初中到高等院校预科班。它的名声来自每年优秀的法国高中毕业考试成绩、法国总竞赛成绩和高等院校选拔竞赛成绩，特别是文科班，尽管它在科学和商贸竞赛上也时常名列第一。其中，每年高等师范各系近四分之一的新学员来自亨利四世中学。——中译注

② 路易大帝中学被一些著名的建筑环绕，例如法兰西学院、巴黎第一大学、万神殿。如同它的邻校亨利四世中学一样，这所高中以其出色的教学质量和优秀的学生而闻名，其中包括中学教育（99% 的高考毕业率）和文、理、商三科的预科。预科班中，学生考入如巴黎综合理工学院、巴黎高等师范学院、巴黎高等商学院等著名的大学的比例很高。——中译注

何为真正生活

一条路径深造：精英学院 [①]（Grandes Écoles）、董事会股东、高端金融、大众媒体、政府官僚、贸易商会、在股市上用数十亿欧元资金起家。

基本上，当你们年轻的时候，通常没有弄清楚，你们面对的是两个人生的方向，这两个方向有时是重叠的，有时是矛盾的。我可以将这两个方向总结如下：要么用激情燃烧你的生命，要么用激情构筑你的人生。燃烧生命意味着对及时行乐的虚无主义式的崇拜，顺便说一下，这或许也是纯粹造反、起义、不顺从、反叛、向往新生活、对够炫够酷的生活的崇拜，但这种生活需要短暂的集体生活形式，如占领公共广场一段时间。但正如我们看到的，也正如我们所知的，这种生活不会长久，没有建构，没有以任何形式对时间进行有组织的掌控。你们在"没有未来"的口号下游行。但如果相反，你们让自己投身于实现未来，获取成功，赚取金钱，赢得社会地位，占据一个高薪职位，有一个安

---

① "精英学院"是法国等少数国家教育体制所特有的东西。它们（通常）是独立于公共大学教育构架的高等教育机构，是法国对通过入学考试（concours）来录取学生的高等院校的总称，用来区别于大学（université）（持有高中会考毕业证书的学生都可以申请进入本科阶段学习的学校）。——中译注

13

何为真正生活

详静谧的家庭生活，经常可以到南方的岛屿上度假，这一切导致了人们对现存权力结构的保守主义式的崇拜，因为你会在其秩序下，以最有可能的方式来安排你的生活。

这两个选择，通常会在年轻的时候，即准备开始一个人的生活的时候，摆在人们的面前：燃烧生命还是构筑人生。或者两者全要，但做到这一点并不容易。这意味着点燃一团火，这团火燃烧并熠熠生辉，发出热量，温暖和照亮生活的瞬间。然而，这团火破坏大于建设。

这是因为，长期以来，不仅仅是现在，有两种相互冲突的激情，它们就是关于年轻人的彼此冲突的看法。这些看法有着极大的差异，从认为青年时期是人生中最美好的阶段，到认为青年时期是人生中一段不堪回首的时光。

这些看法都存在于文学作品中。的确，无论在什么历史时代里，青年时代都有着某种独一无二的东西，我认为这就是两种最基本的激情之间的冲突碰撞：渴望生命被自己的能量燃烧殆尽，以及渴望为了在城市里有着更为舒适优雅的生活，一步一个脚印地创造人生。

何为真正生活

我为你们引用几段文字，来谈谈看法。例如，在雨果的《历代传说》(*La Légende des siècles*)中，我摘选了他的著名诗歌《沉睡的波阿斯》(*Booz endormi*)中的两句话：

我们的晨曦在青年时代光彩熠熠地升起
暗夜之后的白昼如同一场胜利……

年轻就是胜利，雨果说道，带着审慎，带着力量，在爱的晨曦中，唤醒了情欲的胜利。

我们再看看保罗·尼赞（Paul Nizan）的例子，在他的《阿拉伯的亚丁》(*Aden Arabie*)的开头，他写道：

我20岁，我不会让任何人说那是一生中最好的年代。

尼赞告诉我们，在任何情况下，年轻都不是人生中最好的阶段。也是，年轻是否是一场胜利，生活的胜利？或者说是一个不确定和相当痛苦的阶段，因为这是一个充满冲突、充满混乱的阶段？

我们可以在许多作家，尤其是诗人那里找到这种冲突。例如，这或许是兰波整个作品的中心主题。我再说一遍，之所以对兰波感兴趣，是因为兰波就是伟大的青年诗人。他的年轻体现在他的诗歌里。但兰波两种看法都有，他同时道出了两种东西：青年时代是一段神奇的岁月，还有青年时代必然代表着过去。我们比较一下他的自传体散文诗《地狱一季》（*Une saison en enfer*）中在文字上截然对立的两个方面。

在诗的开头第一句话，我们读到：

过去，如果我记得不错，我的生活曾经是一场盛大的饮宴，筵席上所有的心都自行敞开，醇酒涌流无尽。

在20岁的兰波眼中，"过去"指的是17岁的兰波。因此，这是以光速消耗殆尽的生命，但这仅仅是筵席、爱和醉饮狂欢的开始。

后来，在文本的结尾，他像一位老人一样忧伤地回忆那转

何为真正生活

瞬即逝的美好的青年时代，他说道：

可惜可爱的青春，神奇壮美的青春，应该写在烫金书页上的青春，我不也曾经享有过一次？

但兰波那哀恸不已的悲怨，这个只有20岁就思乡的"老人"，已经沉浸在另一种激情中了——对生活的理性建构，他写下了这些诗句，仿佛他放弃了死亡的冲动，放弃了对自我的依恋，放弃了浪荡不羁的生涯：

我！我自称为先知或天使，不受一切伦常的羁绊，带着求索的任务，我回归大地，拥抱那粗陋的现实。

在结尾处，主题又发生了转换，这涉及对诗歌本身的放弃：

再无赞歌：走一步算一步。严峻的黑夜呀！斑斑血迹还是

何为真正生活

我面庞上散发着轻烟，我身后却一无所有，除了这令人心惊胆战的灌木！……精神上的搏斗和人们之间的战斗一样激烈残酷，正义的幻象不过是上帝独有的快乐。

然而，这就是前夜。在那一刻，我们迎接着强大的活力和真正的温存的汩汩流淌。待到黎明，我们凭借着坚忍不拔的毅力，长驱直入，进入那辉煌壮丽的城郭。

你们看：一开始，他有一种燃烧生命的激情，一种冲动的英雄主义，诗歌与盛宴；到了结尾，再没有赞歌，这意味着，再没有诗。这是与必要责任的对话，与良序生活的对话。与耗费青春完全不同，他真正需要的是耐心、坚忍不拔的毅力。仅仅在三年里，兰波就走过了青年时代的两个不同的方向：接受当下及其快感的绝对支配，或者走向成功所需要的毅力。他成了一个流变的诗人，他成了殖民地的军火商。

我们现在转向另一个问题，说句实话，我要求年轻人要像我一样问问自己：今天我们可以用什么样的天平来衡量青春？因为我们知道已经说过的两个截然相反的看法，我们在今天会怎样来说？我们会把什么东西作为青年时代对两个相矛盾的项进行衡量的结果？这个天平会偏向哪一边？

有几个积极特征可以用来概括当代的青年，以及他们与前几代青年有何不同。的确，我们有很多理由可以认为，今天的青年比过去的青年有着更多的行动自由，既可以燃烧生命，也可以构筑人生。简单来说，至少在我们的世界里，在众所周知的西方世界里，年轻人的共同特征看似就是更自由。

首先，青年再无须严格的成人仪式。成人仪式，通常很严格，标志着从青年到成人的过渡。这种成人仪式存在了许多世纪，是人类历史上的一个重要组成部分。就数万年的人类这种无毛两足哺乳动物的存在历史而言，成人仪式始终存在着——尤其是从青年到成年过渡的既定阶段。或许还需要在身体上做上标记，经受严格的体力和道德上的考验，或者参加之前被禁止，之后才被允许的一些活动。所有这些事情都表明"青年"意味着"那些尚未接受过成人礼的人"。这是对青年限定性的、否定性的界定。"青年"首先意味着"不够成熟"。

我认为这种精神结构，这种象征习俗，一直持续到不久之前。我们暂时假定，我们的时代，尽管已经很发达了，但在整个人类动物存在的历史长河的范围中，不过是沧海一粟。所以，我可以说，我的青年时代就在不久之前。不过，这也很明显，在我年轻的时候，还有带着军事外表的男性成人礼。还有女性的成人礼，就是婚礼。两种成人礼最后的残迹不过是祖辈们的回忆罢了。因此可以说，年轻人摆脱了成人礼。

其次，过去时代的价值很小，无限地小。在传统社会中，老人通常是管事的，他们地位很高，自然他们要去伤害年轻人。人生的智慧建立在有着漫长的人生阅历、深谙世故的年纪，即老年人的基础上。如今，这种价值评价消失了，而更倾向于其对立面：年轻人更有价值。这就是所谓的"青年崇拜"。青年崇拜就是对睿智老者的古老崇拜的颠倒。我的意思是，这是理论上或者毋宁说意识形态上的颠倒，因为在很大程度上，权力仍然掌握在成人甚至老人手中。但青年崇拜，作为一种意识形态，就像商业广告的主题一样，贯穿着整个社会，它将青年作为样板。此外，正如柏拉图对民主社会的规定，我们的印象是，老人总想不惜一切代价永葆青春，而不是年轻人想要变为成人。青年崇拜，就是尽可能倾向于年轻人的趋势，开始于他们身体上的青春活力，而不是作为最高主宰的年龄的智慧。这就是为什么"保持体形"是上年纪的人的绝对律令。他们慢跑的目的和年轻人打网球、健身、做美容手术等等的目的一样，就是年轻和永葆青春。穿着汗衫的老人在公园里跑步，虽然他们的血压保持着正常。所以，对他们来说，年纪是一个大问题，即便他们在公园里跑步，他们也注定会变老并死去。换句话说，所有人都会如此。但这是另一个问题。

或许，至少在表面上，还有年轻人本身的内部差异、阶级差异，这不是一两句话的问题。想一下，在我年轻的时候，只有 10% 的同龄人能参加高中毕业会考（BAC）①。现在，也就几十年的时间，有 60%~70% 的年轻人可以参加高中毕业会考。在我年轻的时候，在我们与那些无法参加高中毕业会考的年轻人之间有一道真正的鸿沟，或者说，他们是绝大多数人，他们没法继续

---

① 高中毕业会考（Le Baccalauréat，简称 BAC）即"业士考试"，具有考试种类丰富和考试形式多样的特点，其中考试种类分普通业士考试、技术业士考试和职业业士考试，每一类考试里面又分很多序列。考试形式仍以书面形式为主，但还设有口试、自选考、学生手册和补考等来综合确定学生的考试成绩；招生制度则根据高校的类型，分为广纳式和筛选式。BAC 是在法国进入高等教育所必需的文凭。——中译注

学业，这些孩子有的其至在十一二岁时就辍学了。在我们所谓的考证学习（certificat d'études）中，你们知道如何阅读和写作，知道如何计算，那么就有资格成为大城市里的一名技术工人。若你们还知道我们的先辈是高卢人（Gaulois），那么你们就有资格在 1914 年的第一次世界大战的战壕里为国捐躯。90% 的年轻人面对的是当工人和参军的双重命运。剩下的人，那些精英，即那10% 的人，继续在教育系统中深造至少 7 年时间，之后他们开始在社会名誉的台阶上拾级而上。

回到那些与我青年阶段相对应的时代里，在社会中，似乎有两个不同的团体，或者说，至少有两种不同类型的年轻人。那些得到长期教育的年轻人不同于那些没有接受过什么教育的年轻人，而后者才是绝大多数。

今天，两种不同类型的年轻人之间依然存在着鸿沟，但不那么明显了，它隐藏在其他伪装之下，尤其是来源地、居民区、习俗、宗教，甚至穿着、消费习惯等，对及时行乐生活的理解成为划分鸿沟的标准。这或许是更深的鸿沟，尽管它不那么明显，不那么正式，不那么表面。然而，这也是一个问题。

何为真正生活

根据我说过的一切，可以得出，青年不再是以成人礼为掩饰的年轻人与成年人之间社会区分的主体，从青年到成年的过渡更加轻松。也可以认为，从仪式或习俗上看，简言之，从文化上看，青年之间没有那么多相同的东西。最后，可以说，对老年人的精神崇拜已经被颠倒为对永葆青春的唯物主义式的崇拜。

最后，可以说今天的青年处境不算太坏，实际上，他们有很好的机遇，而之前很糟糕，处处受限。可以说，当代青年的特征在很大程度上就是拥有着新的自由，因为年轻，现代的年轻人很幸运，然而老人则不那么走运了。风向变了。

好吧，一切并没有那么简单。

第一个论断，成人礼是一把双刃剑。一方面，它使青年臣服于成年人，不可能面对我提到的那些激情，不可能控制激情，这反过来导致了所谓的成年人的孩子化（这是同一回事，但是用另一种方式来说）、幼齿化。年轻人能保持年轻，因为那里没有什么特别的区分，这意味着成年是童年的延续和部分延伸。可以说，成年人的幼齿化与市场的影响直接相关，因为在我们的社会中，生活在某种程度上就是购买的可能性。购买什么？玩具，大玩具，我们喜欢的玩具，给其他人带来深刻印象的玩具。当代社会要求我们去购买这些东西，想让我们尽可能多地去买这些东西。现在，购买东西的观念，消费新东西（新车、名牌鞋、许多电视剧、朝南的公寓、金色面板的智能手机、到克罗地亚度假、仿制的波斯毯）的观念，就是一种典型的十几岁孩子的欲望。当这也成为在成人那里起作用的东西时，即便只起部分作用，那么，在年轻人和成年人之间也不再有任何象征意义上的鸿沟。那里只有一种平缓的连续性。成人不过是这样一类人：他们比年轻人更有能力购买大玩具。这是量的差异，而不是质的差异。一方面是年轻的成熟，另一方面他们普遍地孩子气地服从于购买的律令，且成为在全球市场的闪着金光的商品面前的主体，在这二者之间构成了一种游荡不定（errance）的青年。回到还有成人礼的时代，以前的青年时代是固定的，而今天的是游荡不定的，我们弄不清楚青年时代的边界在哪里。青年既与成年不同，也与之难分彼此，这种游荡不定的存在状态也就是我所谓的迷失方向（désorientation）。

那么关于倾向于青年的第二个论断，即老年人不再有价值，怎么样？好吧，的确存在着逐渐增加的对年轻人的恐惧，与之如影随形的是一种排外性的价值。害怕年轻人，尤其是害怕工人阶级的年轻人，是我们社会的典型特征。没有任何东西能与之相抗衡。过去也害怕年轻人，老年人的智慧是从上一代传递下来的，他们认为自己拥有这种智慧，并控制着它，在此基础上，设定身份和限制。但今天，有一种更为不祥的感觉，即害怕年轻人迷失方向。人们害怕年轻人，正是因为人们不确定年轻人是什么，他们可以做什么，因为年轻人处在成人世界之中，但又不完全内在于其中，他们是并非他者的他者。镇压性的法律，警察的行动，毫无价值的研究，以及明显按照程序来处置的对年轻人的恐惧，所有这些仅仅是一些非常重要的征候。需要来评价一下这些征候，他们生活在这样一个社会中：毫无疑问，这个社会既让年轻人光彩夺目，也对他们感到惊恐万分。这二者平衡的结果就是，我们的社会没法处理它自己的青年问题。或更准确地说，我们社会中有很大一部分青年被视为社会的主要问题。正如今天的社会一样，当社会不能为这些年轻人提供工作时，问题就变得越来越严重，因为拥有工作，在某种意义上也意味着最后的成人礼。于是，他们开始了成年的生活。今天，即便这些问题会爆发得更迟一些，即问题延迟了，而年轻人还有住房上的问题，他们仍然是一个迷失而危险的群体。

至于第三个论断，即相对于 50 年前，中产阶层和工人阶层之间文化上和教育上的鸿沟更小，正如我所说，重要的是理解表现出来的其他差异，即来源地、身份、服装、住地、宗教等方面的差异。我想说的是，在未分化的青年当中，这个鸿沟已经开始产生了。之前，直到 20 世纪 80 年代及之后，青年都一分为二。注定谋求高阶职位的年轻人，在根本上区别于那些要当工人、农民的年轻人。那时是两个世界。现在世界看起来像是一个世界。但人们逐渐认为，在这个世界中，有着更严重的无法超越的差异。学生的示威，完全不同于青年为了有房子住而发动的暴乱。尽管这与在什么样的学校就读没有任何关系，但在迷失和不信任中再次产生了青年的区分。

让我们把由社会组织对年轻人实施严格的权威主义控制的老龄社会称为"传统世界"：这是一个编码的、规制的、象征化的权威形式，它封闭地监控一切与积极活动有关的东西，监控男孩们为数不多的权利，在很大程度上，也监控女孩们的权利。我们这样来说是安全的，即年轻人的显著的新自由证明了我们不再处在一个传统世界当中。但同样十分明显的是，在其中也不再提出问题，许多问题都得不到解决——对年轻人的关注远远甚于对老年人的关注。年轻人游荡不定，引发恐惧，而老年人被认为毫无价值，他们居于体制之中，他们的命运就是"安详"地死去。

所以，我要提出一个战斗性的观念。事实上，让年轻人和老年人联合起来，发动一场反成人的大型示威活动是非常合理的。最富反叛精神的 30 岁以下的年轻人与最坚韧的 60 岁以上的老年人共同反对四五十岁成人的既定秩序。年轻人会说，他们游荡不定，迷失方向，缺少任何实际存在的标记。他们也会说，成人假装他们永远年轻是错的。老年人会说他们为丧失价值付出了代价，他们不再拥有睿智长者的传统形象，他们被推向户外的绿草坪，送到给他们送终的养老院，他们完全没有在社会上的能见度。年轻人和老年人的联合示威活动是新事物，非常重要！碰巧，在遍及全世界的旅行中，我见过无数次集会，无数种情况，在那里，听众是由像我这样经历过 20 世纪六七十年代的老战士、老的幸存者组成的，年轻人也过来了，来看看哲学家能否就他们的生活方向和真正生活的可能性说点什么。所以，我已经看过全世界的联盟阵线，我正在跟你们说这些。正如蛙跳一样，今天的年轻人似乎直接跳过了主流年龄的团体，这些团体是由 35 岁到 65 岁的人组成的，为的就是与一小群义无反顾的老年造反者团体的核心力量联盟，这是一个迷失方向的年轻人和生活的老战士们的联盟。一起行动，我们需要一起开启真正生活的道路。

一旦等到耀眼的示威活动发生，我就会说，年轻人站在新世界的边上，这个世界不再是传统的老年世界。不是每一代年轻人都会站在新世界的边上，对于我今天在这里开讲座对话的年轻人来说，这种情景是独一无二的。

你们生活在一个社会的危机时代，这个时代撼动并摧毁了传统最后的残余。我们并不是真的清楚，这种摧毁或否定的实际一面是什么。我们知道，它毫无疑问走向了某种自由。但那种自由首先是缺乏某种禁忌的自由。这是一种消极的、消费主义的自由，它注定要在各种商品、各种时尚、各种意见之间不断变换。它并没有为真正生活设定一个新的方向。与此同时，就年轻人而言，这种自由导致了迷失方向和恐惧，我们不清楚社会会如何对待它，因为社会激进用虚假的竞争生活和物质性的胜利来反抗青年的自由。确定究竟什么才是创造性的和积极的自由，或许是即将到来的新世界的任务。

实际上，我们需要提出的问题是：现代性就是对传统的抛弃。那个有城堡、贵族、等级君主制、宗教义务、青年成人礼、妇女屈从地位的旧世界终结了，那个旧世界里的严格的、正式的、既定的、象征性的区分也终结了，这个区分一边是有权有势的少数人，另一边是大量的贱民、辛苦劳作的农夫、工人和移民。没有任何东西可以逆转这场无法逆转的运动。毫无疑问，这场运动开始于西方的文艺复兴，并在18世纪的启蒙运动中巩固了一种意识形态，自那以后，在史无前例的生产技术的发展和持续不断的计算、流通、传播手段的精炼过程中得到体现，从19世纪之后，现代性就从属于全球化资本主义和集体主义、社会主义观念之间的斗争，后者不断进行实验，虽遭遇了巨大挫折，但又顽强地重建。关于现代性形式和结果的斗争，一直将现代性视为对传统的抛弃。

或许最为重要的一点是，在任何情况下，人们都会关注这一点，即对传统世界的摒弃，这是真正的人性的风暴，仅仅在3个世纪的时间里，它已经横扫了持续了数千年的组织形式，它开创了主体的危机，我们今天所看到的主体危机的原因和程度，以及其中最辉煌的方面就是年轻人在寻找他们在新世界中的位置时，体验到了极大的且越来越大的困难。

这就是真正的危机所在。今天的所有人都在谈"危机"。有时，人们认为这就是现代金融资本主义的危机。但不是这样！完全不是这样！资本主义迅速扩张，它的自然发展模式一直就包含着危机和战争，意味着它十分粗野，它必然会强化竞争形势，巩固胜利者的地位，那些获胜的人，会让所有其他人破产，而在自己手中尽可能地集聚最大数量的资本。

让我们评论一下当前状况。正如毛泽东经常说，我们要"心中有数"。今天世界上 10% 的人占有全世界 86% 的资本。1% 的人占据着 46% 的资本。世界上 50% 的人的所有物几乎为零。很容易弄明白，为什么实际上拥有一切的那 10% 的人不喜欢与那些一无所有的人为伍，甚至不喜欢与处于二者之间勉勉强强拥有着 14% 财产的人为伍。此外，那占有 14% 财产的人中的许多人也可以大致分成两种人，一种人消极而充满怨懑，另一种人则强烈地渴望保住他们现有的东西，他们通常扮演着种族主义者和民族主义者的角色，要求建立数不清的镇压性的边界，来防止他们认为来自底层的那些一无所有的 50% 的人的恐怖"威胁"。

顺便说一下，所有这一切都意味着"占领华尔街"运动所谓的统一口号"我们是99%"，是完全无意义的。参与运动的人，都有着良好的愿望，认为他们应该得到褒扬，或许对于那些来自"中间阶层"家庭的大多数年轻人来说，他们并不真穷，也并不真富，一言以蔽之，中间阶层最容易爱慕民主制，他们就是民主制的支柱。但真相是，富裕的西方大多数人是"中间"，是中产阶级，即便他们不算是那 1% 的最富有的精英，或者那 10% 的拥有大量财产的老板，然而他们也惧怕那 50% 的赤贫的、一无所有的人，他们倾向于保护他们自己共有的 14% 的资源，为全球化资本主义提供小资产阶级的支持队伍，没有他们，"民主制"的绿洲没有丝毫幸存的机会。与"99%"的人不同，那些勇敢地参与"占领华尔街"运动的年轻人，甚至从他们自己的原创的组织来看，他们也不过是一小部分人，他们的命运是注

何为真正生活

定衰落。

当然，只要他们与那些真正的一无所有者或者那些真的没有多少财产的人民大众结成联盟，只要他们能在拥有14%资本的人，尤其是知识分子，与那50%的人之间建立一个政治联盟，他们就还是有希望的。这样的政治策略是可行的：在获得了一些显著的地方上的成功之后，在20世纪六七十年代的整个法国，这个政治策略被普遍推行。而在美国，同样在那个时代，没有那么喧嚣，"地下气象员"①（Weathermen）也进行了尝试，还有几年前的占领运动——我说的不是占领华尔街，而是奥克兰等地的占领运动，在奥克兰，至少还有一个与码头工人的联盟。所有一切，绝对是所有一切，都依赖于世界范围内的这种联盟及政治组织的复兴。

---

① "地下气象员"是美国的一个极左组织，由其前身美国大学生民主会（Students for a Democratic Society）的成员于1969年成立。最初组织是"气象员"，是美国大学生民主会的一个小派别，其名字来源于著名歌手鲍勃·迪伦的歌曲《隐秘思乡蓝调》（*Subterranean Homesick Blues*）的一句歌词："我们不需要气象员就知道风向哪里吹。"他们鼓吹采用暴力，通过暴力革命使政府垮台。但是在1969年6月18日举行的美国大学生民主会年会上，"气象员"已经成为美国大学生民主会的主导力量，于是他们分裂出来，以极端的方式追求目标。他们制定的纲领号召"白人战斗力量"与"黑人解放运动"和其他激进运动一起，"摧毁美帝国主义和建立一个无阶级的世界——世界共产主义"。——中译注

何为真正生活

　　然而，在运动的这样一种极度脆弱的状态中，抛弃传统的客观的可以衡量的结果就是我刚刚所说的东西，因为它是在资本主义全球化形式之中发生的：一小撮寡头将法律压倒性地凌驾在绝大多数只能维持生计的人身上，也凌驾在那些西方化的中产阶级身上，例如，让他们变成仆从，变得羸弱。

　　但随后在社会和主观层面上会发生什么？1848 年，马克思给出了一个非常震撼的描述，比起他所处的时代，在今天这个描述更为真实。我们从这个古老文本中引述一段话，对于今天的年轻人来说，这有些令人难以置信：

　　资产阶级在它已经取得了统治的地方把一切封建的、宗法的和田园诗般的关系都破坏了。它无情地斩断了把人们束缚于天然尊长的形形色色的封建羁绊，它使人和人之间除了赤裸裸的利害关系，除了冷酷无情的"现金交易"，就再也没有任何别的联系了。它把宗教虔诚、骑士热忱、小市民伤感这些情感的神圣发作，淹没在利己主义打算的冰水之中。它把人的尊严变成了交换价值，用一种没有良心的贸易自由代替了无数特许的和自力挣得的自由。总而言之，它用公开的、无耻的、直接的、露骨的剥削代表了由宗教幻想和政治幻想掩盖着的剥削。

资产阶级抹去了一切向来受人尊崇和令人敬畏的职业的神圣光环。它把医生、律师、教士、诗人和学者变成了它出钱招雇的雇佣劳动者。

资产阶级撕下了罩在家庭关系上的温情脉脉的面纱，把这种关系变成了纯粹的金钱关系。

……一切固定的僵化的关系以及与之相适应的素被尊崇的观念和见解都被消除了，一切新形成的关系等不到固定下来就陈旧了。一切等级的和固定的东西都烟消云散了，一切神圣的东西都被亵渎了。人们终于不得不用冷静的眼光来看他们的生活地位、他们的相互关系。①

马克思在这里描述的东西就是摒弃传统何以在人类象征组织的巨大危机中实际发生了。的确，对于新千年来说，人类生活

---

① 马克思，恩格斯.马克思恩格斯文集：第二卷.北京：人民出版社，2009：33-35.——中译注

的内在差异都按照等级制形式编码和符号化。所有最重要的二分，年轻人和老人、女人和男人、穷人和有权有势的人、我的队伍和其他人的队伍、外国人和本国人、异教徒和忠实信徒、平民和贵族、城里人和乡下人、知识分子和手工业者，都是由结构秩序（在语言中，在神话中，在意识形态中，在既定的宗教伦理中）安排的，这个结构秩序界定了每个人在错综复杂的等级秩序中的地位。于是，贵妇的地位低于其丈夫的地位，但高于平民的地位，一个富有的资产阶级必须向公爵鞠躬，但他的奴仆必须向他敬礼。同样，某个部落的女子，相对于她所在部落的战士来说，几乎不名一文，但对于被俘获的另一个部落的囚徒来说，她却是高高在上的，她经常会琢磨用什么方法来折磨这个囚犯。一个贫穷的天主教徒相对于其主教来说无关痛痒，但相对于新教徒而言，他自认为是上帝的选民，正如一个自由人的孩子完全依从于他的父亲，而一个黑奴可能是一大群孩子的父亲。

整个传统世界的象征化，建立在某种秩序结构的基础上，这种秩序结构决定了人们的地位，以及这些地位之间的相互关系。资本主义实现了抛弃传统，也实现了一般化的生产和贸易体系，最终也实现了社会中的地位的分配。政治地位分配可以还原为资本与劳动的对立、利润和工资的对立，这实际上并不是提出了另一种象征化秩序，只是经济的粗野和专断的自由游戏，即马克思所谓的"利己主义打算的冰水"①的中立的非象征性的统治。抛弃坚持等级秩序的传统世界并不会提出一种非等级制的象征化，只是在经济约束下暴力性的真实限制，伴随着只能隶从于少数人胃口的算计规则。结果是象征化的历史性危机，今天的年轻人在这场危机中迷失了方向。

当我们面对这场危机（这场危机打着中性自由的幌子，将金钱作为唯一的普遍性参量）时，今天我们有两个选择，在我看来，这两个选择都是反动的，不足以解决人们尤其是年轻人所面对的真实的主观问题。

第一个选择是不停地捍卫资本主义及其空洞的"自由"，自由早就被唯一市场导向的贫瘠的中立性践踏了。我们将这个选择称为"对西方的渴望"。他们断言，我们的社会有且只可能有一种自由"民主"的模式，也就是在法国，以及其在所有其

---

① 马克思恩格斯选集：第一卷.3版.北京：人民出版社，2012：403.——中译注

他同一类型的国家中的模式。正如帕斯卡·布鲁克纳（Pascal Bruckner）在不久之前非常愚蠢地为他的一篇论文起的一个标题："西方的生活方式不容协商"（Le mode de vie occidental n'est pas négociable）。

第二个选择也是反动的，他们渴望回到传统社会的象征化，即回到等级制。他们经常用宗教叙事或其他东西来掩盖这种欲望，无论是美国的新教徒的问题，还是中东的某些派别的伊斯兰主义，或者欧洲回归仪式化的犹太教传统，都是如此。但这也可以在民族国家的等级制下游荡（"'土生土长'〔de souche〕的法国人万岁！""大俄罗斯东正教万岁！"），还有纯粹的种族主义（如反犹主义的复苏），或者最后，原子论的个人主义（"我自己万岁！其他人滚蛋！"）。

在我看来，这两个选择都有极端危险的结果，它们之间逐渐会爆发血腥的冲突，将人类推向无穷无尽的战争循环之中。这就是错误矛盾的全部问题所在，它阻碍了真正矛盾的出场。

真正的矛盾，应当成为我们思想和行动的指引，它将两种不可避免抛弃传统等级制象征秩序的选择彼此对立起来，即将西

方资本主义的非象征意象（它产生了巨大的不平等和病原性的迷失方向）与众所周知的共产主义意象（自马克思及其同时代人之后，共产主义已经提出了一个平等主义的象征化秩序）对立起来。 在苏联的共产主义暂时受挫之后，如今，在抛弃传统方面，现代世界的基本矛盾被虚假矛盾模糊化了，即西方中立的、贫瘠的纯粹否定性（它摧毁了旧的象征等级秩序，用货币的中立性掩盖了真正的等级秩序）与法西斯主义式的反动（在华丽的强大算计背后是其实际上的无能，它主张回到旧的等级秩序）之间的矛盾。

这个矛盾尤其错误，因为即便抛弃了神的朽坏的躯壳，那些反动法西斯主义的领袖和真正受益者也绝不是死去上帝的忠实信徒，因为在旧世界里，上帝既是至高无上的巅峰，也是等级化的象征秩序的保障。他们与西方金融集团实际上属于同一个世界：二者都认为，唯一有可能的全球性社会的组织秩序就是积累性的掠夺性的资本主义。二者都不能用象征主义的方式来提供任何新的人性。二者存在歧异的地方，仅仅在于其对社会能力、集体组织的能力，即对"利己主义打算的冰水"的评价不同。对于所有西方霸主而言，这就是所有人——那些超级富豪精英及其无数的庶民——所需要的一切。金钱充当着非物质性的象征。对于那些有地位的反动派而言，我们必须回到旧道德和神圣等级秩序那里，否则迟早会发生严重的社会动荡，危及整个社会体系本身的运行。

无论他们之间的争斗如何惨烈，如何痛苦，他们的争论最初都是服务于各方的利益的。由于他们掌握着媒体，争论会吸引大众的注意，因而他们阻碍着真正可以将人们拯救于水火之中的普遍信仰的出现。这个信仰，我通常称为"共产主义观念"，坚持认为在不可避免地抛弃了既定传统之后，以及在这个抛弃过程中，我们都必须创造一个平等主义的象征秩序，为将各种资源集体化，有效地消除不平等，承认各种差异，平等对待各种主体权利，最终让隔离性的国家形式的实体逐渐萎缩消亡，提供一个引导性的、准则上的和形式上的和平的主观基础。

在希求平等主义的象征秩序的背景下，我可以回到年轻人的主体，他们和老年人一起，是被虚假矛盾的统治感染的第一批人。

你们年轻人沉浸在真正抛弃传统和虚假矛盾的幻象国度的

双重效果之中。我相信，你们同时站在新世界的边缘，即平等主义的象征秩序的边上。这并不是件容易的事情：直到现在，所有的社会象征秩序都是等级化的秩序。所以，你们需要让你们的主观自我投身于一个全新的任务：创造一个全新的象征秩序，对立于资产阶级冰水式算计的破坏性的象征，对立于反动的法西斯主义。这就是为什么你们也有责任警惕（这就是最艰难的部分）正在发生的一切，关注年轻人中所发生的一切——永恒的成年、失业、基于来源地和信仰的差异、生活迷失方向，还要注意各种性别之间的关系，与成年人，与老年人，与全世界年轻人之间的关系等等，这就是全部。或许还会产生某些迹象，或许还有一些有助于建立一个象征化的未来的迹象。这些迹象通常不那么清晰，被掩盖着，但哲学家不仅仅有责任察觉正在发生着什么，而且要察觉，在他们的经验中，是什么东西构成了普遍性的、独一无二的例外：作为一个标记，它指出了即将到来的东西，而不是那里仅仅是什么。

对于所有人来说，尤其对于年轻人来说，唯一重要的东西就是要注意这些迹象，某种不同于已经发生的，而有可能会发生的事情。如果你们在更广阔的世界中，仔细观察，有方法地讨论一切问题，就会找到这些迹象。但你们也可以在你们的生活经历中找到这些迹象，在例外和独一无二的事件中找到这些东西。换句话说，的确有你力所能及的事情——你尽最大努力使用你的能力去构筑人生，但也有一种你并不了解的能力，这种能力恰恰是非常重要的，这能力与未来的平等主义的象征秩序关系最密切——我们知道，当你遇到某种你无法预见的事物的时候，你会发现某些东西。例如，当你坠入爱河的时候，你会意识到你有能力做一件你并不知道你会做的事情，你有一种迄今为止未知的能力，包括在思想秩序、在象征性创造之下的能力。这种你可能做到的启示，远胜于当你为了一种新的集体观念参加一场运动所能想到的东西，因为你已经深深地受到一本书、一首曲子或一幅画的影响，那时你会第一次感受到艺术使命的激荡；或者你遇到了某些新的科学问题而沉浸于其中。在所有这些情况下，你都会发现你自己具有某种你未曾注意到的能力。

我们或许会说，有某种你们可以建造的东西，也有某种让你们远离的东西；有某种让你们安顿下来的东西，你们也有游荡和流浪的能力，也有可能两个方面同时都有。安顿对立于流浪，这里的流浪不再是虚无主义，而是受到指引的流浪，有一根指针，帮我们找到真正的生活，一个新的象征。

最后一点关系到我一开始提出的燃烧生命和构筑人生的对立，无论是有意还是无意，这都构成了年轻人的主体性。我会说，需要在二者间建立某种关联。存在着某种你想去建立的东西，也是你有能力去建立的东西，但也有一些迹象，迫使你离开，超越你现在能够做、建立或安顿的事情。启程（départ）的力量。建立与离开。这二者间没有矛盾。你有能力放弃你已经建造起来的东西，因为有其他东西召唤着你，去寻找真正的生活。今天，真正的生活，超越市场的中立性，超越老旧的、过时的等级制观念。

对于所有这些东西，我会让诗人来做总结，因为，当涉及启程、背井离乡（déracinement）、自我的连根拔起（arrachement）以及新创造的象征的时候，诗人在寻找新语言上更为专业。在这个意义上，诗歌让语言青春永驻。我用圣－琼·佩斯（Saint-John Perse）的一首诗的结尾处的一段话来谈，这是诗人写于

何为真正生活

20 世纪 20 年代至 50 年代的诗歌，这首诗的名字叫《远征》（*Anabasis*）。"远征"一词的古希腊语意思是"来来回回重新启程"（remonter）。为了达到一个难以企及的目的地，来来回回地流浪。这就是为什么说这是年轻人的隐喻。

《远征记》也是古希腊的一本书的标题，它给我们讲述了波斯内战期间一支希腊雇佣军的故事。书的作者是色诺芬，他是雇佣军的军官之一。在那个时代，已经有雇佣军存在了，就像在今天的非洲和中东的战争中，或者在中欧的战争中都有雇佣军存在。这些军人并不关心政治上发生的一切。他们作为雇主付过钱的士卒，干着最野蛮的事情。在色诺芬的书中，波斯雇主在一场战役中被杀，其他波斯士兵树倒猢狲散，而希腊雇佣军被留在了波斯王国的中央，大概在现在的土耳其，他们凭借自己坚定不移的决心，打算回家，回到北方。他们陷于困境，必须回家。这就是他们的想法。你们被抛弃了，迷失了方向，不过你们可以径直做你们可以做到的事情，走向你们最本真的真实。你们的那种主体，永远不可能通过构筑稳固的家园来实现。老房子仅仅是传统，你们经历的游荡是一个新的方向。那么，在你们自己的位置上，有一个新的象征秩序。真正的家园是当思想和行动的冒险让你们远离家园，并几乎要忘却家园的时候你们可以回归的地方。你们所待的家园永远只是一座自愿待在那里的监狱。当生活中某种重大事情发生，仿佛将你们连根拔起，你们就得启程远离故土，走向你们真正的生活。远征是一个观念，你们迷失了方向，但你们走向你们自己，在迷失方向和背井离乡中找到了你们真正的自我，找到了全部的人性，创造了一个平等主义的象征秩序的阶段。

这就是色诺芬《远征记》中最为精彩的部分。雇佣军是希腊人，也是水手。当他们往北走时，他们再一次看到大海。他们来来回回地行走，也攀爬了高山：就在那里，在高山之巅，他们看见了大海。他们狂呼道："大海！大海！"他们再次十分肯定地将自己象征化为老水手。年轻人也就是这么一回事，必须要进行一场奔向世界的大海的远征。

今天，因为已经自由，并拥有机会，年轻人不再受传统的束缚。但是，拥有新的游荡的机会，他们应当用自由来干什么？你们需要发现，对于创造一个有创造力的、强大的真正的生活，你们可以做什么。你们需要回到你们自己的能力。在那里，你们要为新的平等主义的象征秩序做好准备。这就是平等主义架构及其对立面的关系。对于希腊雇佣军而言，其隐喻就是突然发现了农夫、士兵、水手之间的关系。他们的喊叫声表达了他们在大地上的冒险生活中失却的东西被重新发现，这不是纯粹的回归和重复，而是一种新的强大的意义："大海！大海！"大海变成了一个象征，而不是古老的前提，这是一种对令人难以置信经验的新型平等主义的共享。

在这里，在圣-琼·佩斯《远征》一诗的结论中，有着同样的文字：

然而，于大地上人们活动的地方，飘荡着诸多征兆，飘荡着诸多种子，在那静谧的晴空下，在大地的呼吸中，那里有全部丰收的羽翼！……

待到繁星闪烁的夜晚时分，纯粹和抵押的物件都高高地飞入苍穹……

梦里的耕地呀！谁会谈起筑居？——我已经看到分成若干辽

阔空间的大地，我的思绪须臾未离那航海士。

　　所以，今天，作为一个年轻人，是优点，还是污点？如果世界欢迎年轻人加入其中，而不顾其传统，那么世界必然会随之改变。新的大地就是所有年轻人创造出来的"梦里的耕地"，他们已经在进行创造，他们创造了新思维，创造了新世界需要的新象征秩序。建造无疑是必要的，筑居是必需的。但世界广阔无垠，在其范围内，思想必须能够察觉和行动。我仅仅希望，对于你们所有人来说，安定下来，有个工作，一个职业，并不是你们最优先的选项，而毋宁说最优先的选项是一种真正的思考，它就是梦想的孪生姐妹。背井离乡的思考，是一种在世界的不断变化的海洋中的真正的思考，一种精准而游牧的思考。它之所以是精准的思考，是因为它是游牧的思考，在航海中的思考。或许所有人都会说："我已经看到分成若干辽阔空间的大地，我的思绪须臾未离那航海士。"

第二章

论男孩的当代命运

何为真正生活

柏拉图思考过一个问题："哲学家可以对年轻人说些什么？"这或许是迄今为止最重要的哲学问题。

在前一章中，我已经在很大程度上回答了这个问题，但没有讨论性别差异的主体（事实上，这很重要）。在本章中，我准备谈一下男孩子的命运。我还要谈谈女孩子的命运，这一点我放在第三章，也就是本篇最后一章来进行。

我打算在这里谈谈我的三个儿子：西蒙、安德烈、奥利维耶。他们都多次以十分粗野的方式，教训我说，儿子既是他们自己，也是父母的儿子。

我想从一个概念神话开始谈，即弗洛伊德的《图腾与禁忌》（*Totem et tabou*）和《摩西与一神教》（*Moïse et le monothéisme*）

中的一套东西。对于最基本的任务，对于黑格尔，弗洛伊德用三章的篇幅给我们讲了一个故事。第一章谈原始部落，在部落里，想寻欢作乐的父亲垄断了所有的女人，儿子们造反，为弑父铺就了道路。这就是契约的起源，通过契约，儿子们尽可能以平等主义的方式来处理问题。第二章谈到了死去的父亲以单一神的形象升华为律法。父亲再一次成为严厉的守护者和苛刻的卫道士，但重要的是，要明白被弑的真实的父亲只能以象征性的父亲的形式回归。第三章谈到儿子们分享了父亲的荣耀，在基督教中，其代价是举行暴力残忍的成人礼：上帝之子的成人礼，通过折磨和死亡让自己获得人性。

关于我们今天从这个故事中学到的东西，关于讲述这个故事的结构，我有三个评论。

对于父亲。在第一阶段，我们遭遇了一个真实的父亲，一个寻求快感的父亲，一个拒绝分享他对快感的垄断权的父亲。我们会看到，对于这些儿子，一个起作用但不那么真实的因素就是斗狠（agressivité），只有凶徒才喜欢斗狠。在第二阶段，我们得到一个象征性的父亲，这个象征性的父亲建立在真实父亲的基础上，但正如拉康所说，他是以大他者（Autre）的外表回归的。从儿子的角度来说，真实所激发的反抗性的斗狠，被献给了大他者，所以，这是一个无穷尽的服从的形象。在第三阶段，即在基督教中，我们想说的是，我们得到了一个想象性的父亲。真的，像以往一样，父亲重新回到了之前的舞台上，他就是儿子行动的背景。他成了三个秩序的想象性总体：他是一个父亲，三位一体的父亲。但无论在真实父亲还是在象征父亲那里，三个秩序都是无法形成一个总体的，所有父亲只能表现为一个外表。

在弗洛伊德的思考中，还有一些关于父亲的基本形象。

我们在这里关心的是儿子。在这个神话中，儿子的生成是一个辩证的架构——事实上，儿子的架构是所有经典辩证架构的模板。因为，如果说儿子事实上能与父亲彻底和解，与父亲共享荣华，坐在父亲的右手边等等，那也只有在完成了三个阶段之后，儿子才能做到：直接暴力性攻击的阶段，从属于律法的象征阶段，共同之爱的最终阶段。在律法的中介作用下，爱就是弑父的升华：这就是儿子的命运。具体的反抗，抽象的服从，共同之爱。

何为真正生活

重要的是要看到在这个辩证生成过程中成人礼的地位。儿子唯有在经历了代表着身体成熟的成人礼之后，才能进入最终的和谐秩序之中，身体的成熟需要经受折磨和死亡，我们非常熟悉其图像学上的命运。圣子被钉死在十字架上，这就是无限上帝的激进形象化身为令人恐惧的凡胎。于是，当圣子通过"升天"的过程，返回圣父那里时，在复活的圣子身体上，留下了这一暴力行径的痕迹。

这就是严密一致的架构，乐观主义的哲人会满足于此，即便这个哲人是一位无神论者，因为它保留了三个阶段的观念，并最终走向了人类命运和谐的形象。

今天的问题在于，这个架构在两个方向上同时遭到了摧毁。在父亲一边，因为今天将父亲视为真实的和象征的父亲有点难度，至少他儿子很难这样来看待。事实上，我今天所关心的问题就是儿子眼中的父亲。所以，我会说，作为快感的父亲和作为律法的父亲。父亲成了一个成问题的形象。作为快感的父亲，今天父亲会反过来嫉妒儿子的快感。事实上，这就是现代青年崇拜现象——崇拜青年的身体，他们的身体不仅仅是崇拜的对象，而首先是一个主体。长期以来父亲被描绘为一个苍老的甚至有些淫逸的男性。很明显，如果从当代社会中的快感角度来说，今天，这种形象几乎消弭于无形。这样，我可以说，我们今天社会的一个特征就是尽可能让老年人消弭于无形。真实的父亲逐渐地在社会中难以见到。与此同时，在儿子目光的凝视下，象征化的父亲的处境也很尴尬，因为最显著的律法如今都在儿子之外。这种律法就是市场的律法，其特征就是通过一个看不见的规则，让一切东西与其他东西等同起来，结果，父亲的形象与之决裂了，儿子的控制本身就是一个反象征。他们不可能自我建构出父亲的律法，对他们来说，这是公正的。无序，同时是非存在和溢出的，儿子们的社会控制与象征权力分离了。

现在，我们是否会认为，父亲是唯一的想象？或许存在着没有上帝的基督教的胜利。圣子上升到故事中的新英雄的地位，在商品化的现代性中，这个英雄是时尚的、消费性的和再现性的，这些都是年轻人的天生属性。但没有上帝，也意味着没有真正的象征秩序，因为即便儿子们掌管一切，他们如今也只能做类似的事情。

何为真正生活

　　总而言之，我们可以看到，对儿子来说，由于已经被视为一个父亲，因而想建立一个稳定的身份是十分艰难的。事实上，儿子的身份是晃动的，因为他的辩证法被打破了。这个辩证法之所以被打破，并不是因为其基本形象消失了，而是因为儿子的身份发生了分化，彼此间有了距离。

　　让我们来描述性地分析一下。儿子的基本结构，就是"黑帮"，即著名的令人闻风丧胆的"青年黑帮"。顺便说一下，它再生产了弗洛伊德所谓的帮派（horde），这也是为什么他们被视为社会灾难的根源。问题很清楚，这是无父的帮派，因此，不可能进行救赎性的谋杀，兄弟间也不可能达成真正的协议。让帮派成员在行动上（他们一起攻击父亲）彼此间达成默契的并不是契约，其连贯性来自模仿性的分工。帮派是有分工的，有自己的帮规。这些分工也是一致和类似的，因为其目的就是在无穷无尽的贸易、购买还有非法交易中促进商品流通。它是辖域化的（territorialisée），但这次的辖域化是对称的：领土就是其他有争议的领土的镜像形象。帮派只创造了一种不变的游牧主义。在这里，这一次，一旦帮派前进，他们的攻击就不可能被终止。他们不可能仅限于基础性行动。他们会不断地重复非基础性行动，最终这些行动是由死亡驱力支配的。

关于儿子辩证法的第一阶段就讲这么多，在这个阶段发生了攻击。

第二阶段怎么样？在这一阶段中，儿子服从于律法。当然，儿子与帮派的帮规也有关联，但要分开来看，一方面，在惯例、着装、语言、手势等方面都有严格的表达上的规定，再一次在类似的模仿中消化了律法。另一方面，有一些惯性的律令，它仅仅规定单纯的自我感知，而不是变革的行为，在永恒的消极状态中，让惯性不断地持续下去。行为上的律令让儿子们的契约变成了商品中的交换，作为法律的律令则成为惯性的生产。

儿子辩证法的第三阶段，产生了成人礼。成人礼即从法律的外部成为其内在之物。它不再是让某种其他景象成为可能的东西。相反，它让儿子们变得呆滞。这就是刻板化的实践，最终走向集体对惯性的接受。成人礼，与把你当作成年人是不一样的，它滋养的是永恒成年的神话。

结果，儿子与成人、儿子与父亲的和解，只能通过让成人变得幼稚来实现。将它反过来，似乎是可能的。在最初的基督教神话中，就有圣子的升天。现在，我们看到的就是父亲堕落的经验过程。

正因为如此，弗洛伊德神话的辩证图示崩溃了，结果，那里没有关于儿子身份的清晰表述。这就是今天世界上儿子身份的不确定性。

这种不确定性有某种合理性。这并非可怕的、无法解释的灾难。它是我们社会理性发展的一部分。这就是让个体进化为面对琳琅满目市场的人的普遍条件的结果。社会上最重要的律令就是保证所有的真实的个体都必须依赖于商品交换。所以，如果这种个体被主体化为主体，它必然会让个体渴望面向数不清的琳琅满目的商品，并展现出他们进行商品交换的能力，无论其能力有多大。正因为如此，个体逐渐无法成为一个能够去存在的主体。我们知道，男孩子都热衷于此，因为成人就是市场的中心。这就是成人让臣服于市场竞争成为基本前提的时代，也是成人成为市场本身的时代。生成－主体完全变得隶从于商品交换，臣服于施加在个体身上的贫乏的符号和影像的传播，这些个体非常脆弱，非常容易妥协，仿佛所有人都处在这个年纪里。

所以我认为——这是个假设——这种没有成人仪式的成人礼给男孩子们提供了三个选项。我将它们称为被滥用的身体、被牺牲的身体、中规中矩的身体。

首先是被滥用的身体。可以将这种身体本身作为旧辩证法终结的标记。因此，要经历一个非符号的、无休止的、徒劳无益的成人礼，它的身体上镌刻着旧辩证法的痕迹。在身体上穿孔，用身体吸毒，用震耳欲聋的音乐麻痹身体，文身。这就是人们追求的让身体变得不再主观，或者说让身体反主体化，暴露身体或为身体打上印记，在身体自身中留下不可能身份的痕迹。这在表面上看类似于某些传统社会中的成人礼。不过，在其地位上，发生了根本性的转变，这种成人礼不是让女人养孩子，或者让男人战斗，而是保留住成人的永恒惯性。我把这种类型的选择所导致的性态，描述性地称为"色情"，这并非价值判断。我所谓的"色情"，指的是一种非主观的性。它建立在惯性重复的身体印记基础之上。黑帮强奸当然就是这种色情的形象，这就好比在影像泛滥的时代，明显地剥夺性爱，强制性禁欲一样。无论如何，这里都没有任何观念。这就是我所谓的"被滥用"的身体，这与所谓的"堕落"没有关系，在这个意义上，"被滥用"不同于其日常意义，即主体的存货（dépôt）。

在另一个端点上，是被牺牲的身体。身体试图绝望地返回传统。古老的、行将就木的法律变成了必须让新身体去服从的东西。通过净化仪式（尤其是实行着的性的净化），它与被滥用的身体保持着距离，那就必须接受法律的绝对性，从而达到自我牺牲。这就是年轻人当恐怖分子的主观形象。由于厌恶被滥用的身体，他们认为需要在坚定不移地回到古老律法（那是我们可以想象的最永恒的法律）的前提下，将身体献祭给圣父的绝对性。身体的主体化就是殉道。

这里有两个极端倾向，但它们是真正的立场。在它们之间，有人会接受日常生活的限定，让他自己成为适用于国际贸易的对应商品，我们可以称之为"求职"，或者用萨科齐的说法，叫"有可取之处"（avoir du mérite）。这一次，身体将自己放在精打细算、最适应外在的市场法则的位置上。身体本身就成为有序交换的一部分，有序交换只能在一个可以接受的法则之下进行，正如马克思在许久之前所说的"一般等价物"。中规中矩的身体让自己在市场中得到最高的价格。这样，就应当保护它，捍卫它，反对其他两种身体结合起来威胁它，在根本上，这个任务是由警察来完成的。

插一句话：我们看到 2005 年秋天在法国的克里希（Clichy）以及 2008 年在希腊发生的事情，当然，这些男孩子都是"工人阶级的儿女"[①]，正如当年还在共产党领导下的时候，他们曾说过他们是"工人阶级的儿女"，这就是亮点所在。我想指出的是，如果这个词组的意义是由某些必须面对经济的东西来界定的，或者更糟，如果这个问题被确定为向所谓的郊区或大学投入更多的钱，那么将这个问题看成是根本的社会问题就是错误的。这个问题是当代社会的症候，我们可以将这个问题称为政治症候。如果今天的男孩子们被排斥在日常生活的基本条件之外，被排斥在中规中矩的身体快速发展（但毫无意义）的人生轨迹之外，这些问

---

① 2005 年 10 月 29 日，法国巴黎北郊的克里希市发生了两名北非男孩因为躲避警察而被电死的事件，从而引发了阿拉伯裔和黑人移民区的骚乱，并延伸到法国其他城市，骚乱持续了半个月左右。2008 年的希腊骚乱起因是一名 15 岁的雅典青年为警方流弹所杀，随后雅典年轻人与警方冲突，酿成巨大的抗议事件和骚乱。——中译注

何为真正生活

题就成为这些男孩子的问题。所有人都知道，那些不太守规矩的身体，就是中规中矩的身体的敌人，那些中规中矩的身体必须不惜一切代价与之隔离，于是创造了教育上和职业上的隔离制度，还有警察的问题，警察常常用这些制度来将那些人驱逐出去。

不可否认的是，警察与青年人有着某种特殊的关联，他们基本上都来自工人阶级，来自工人群众，他们的父母往往是那些外来移民，既不能也不愿将这些年轻人等同为中规中矩的身体。那些年轻人常说（这些或许是他们造反的主要理由）"警察常常是站在我们这边的"。不幸的是，在我们国家领土范围内，中规中矩的身体若要保护它们的地位，就需要更加高大的隔离墙。这里死几个人，那里死几个人，不断地逮捕年轻人，成群成群的年轻人被关进监狱：那么，造反打倒警察，打倒支持他们（甚至用谎言来支持）的国家，难道不是正确的吗？是的，媒体和政治家的演讲控诉了这些造反者，而没有去控诉警察和国家。政治宣传声称，如果我们想要年轻人听话，不是让他们听爸爸的话，而是听金钱和"自由流通"的话，那么这些令人遗憾的伤亡就是我们必须付出的代价，而这就是拜物教化的民主的真实内容，它们取代了我们的观念，什么也没有给我们留下。

现在让我们回到正题：三种类型的身体构成了我所谓的反成人化（désinitié）的儿子的空间，在走向未来、薪火相传的意义上，没有让儿子接受成人礼。这个空间是彻底虚无主义的空间，即便中规中矩的身体的目的就是要掩盖其虚无主义：让它看起来享受实际上有点意思的职业。这个职业就是为无意义填补漏洞。其作用在于安抚年轻人。重要的是要理解，正是这混杂人群，迟早会发动要求一次性承认他们无意义性的战争。我不知道这会是什么样子的战争，但儿子身份的不确定性并不会允诺任何和平，唯一剩下的是那些中规中矩的身体十分膜拜的总体上的虚无。

在这里，战争问题非常重要。在现代，法国革命已经多次谈到了这个问题，国家让儿子变得成熟的一个标志就是成为战士。很多年以来，我们已经对这种形象感到完全陌生。这可曾是 200 年以来的主要因素。服兵役：这就是变得成熟的决裂。首先，它将男孩子们集中起来，在这样做的时候，男孩子与女孩子之间形成了彻底的区分。这是身份认同上的第一个必然阶段。其次，它让男孩子们进行攻击的塑造和训练。这种训练被认为是非常有用的，不仅仅压制攻击性，而且规训它，并训练男孩子们正确地使用暴力。最后，在一个象征之下，长官－父亲和士兵－儿子和解了：他们都向军旗——那面绚丽多彩充满着无上荣耀的旗帜敬礼。服兵役就是我曾经经历过的辩证架构的一部分：训练有素地实施攻击，结果是可以非常正确地杀死人，压制性的象征主义和彻底的服从；在"祖国的儿子"的名义下和解，至少是表面上的和解。作为一种制度——和所有制度一样，这种制度非常恐怖，非常愚蠢，但也非常有效——服兵役让古代父子关系仪式变得更为世俗。儿子要服兵役，之后，儿子有了一个职业和家庭，随后他就是一个成人了。

我们还没有很好地考虑过抛弃强制性服兵役的后果。在不再拥有强大的军事上的荣耀的法兰西共和国，抛弃这个制度当然是不可避免的，法国成了一个中等军事强国，并渴望不要付诸太多武力。同样，象征上的平等不再是由爱国主义的为国捐躯及其勋章来定义的，而是由浅薄的金钱来界定的。事实上，没有一个资产阶级还会这样想象：成为军官，为法兰西捐躯。这就是为什么从象征上来说，再没有任何统治阶级了。那里只有一个不担责任的寡头制。因此，与第一次世界大战之前的饶勒斯的设想不同（他反对雇佣军，提倡仅仅用公民战士组成的军队，这支军队仅仅用来保卫祖国），如今军队只是一堆唯利是图的家伙。让我们最后来看看服兵役的问题，虽然在战争中一败涂地，但对于儿子们的命运这样复杂的问题，服兵役应该意味着什么。

它是否意味着国家的成人礼以及服兵役作为一种成人礼完蛋了？国家想让我们相信，学校成了公民成人礼的和平体制。我对此高度怀疑。公共教育绝不会比在生存的最后岁月里服兵役更能塑造年轻人。众所周知且非常重要的一点是，教育危机才刚刚开始。破坏、私有化、社会隔离以及教育上的不足，各种情况都在加速恶化。为什么？因为我们不再需要学校来共享知识，甚至一个工人都可以训练广大人民群众。我们需要用学校分出彼此，来保护中规中矩的身体——这逐渐成为学校的主要作用。我并不认为学校可以接管军队的工作。我甚至认为学校（学校都是有选择的，挑选出那些"有品质"的学生）已经隐含地承认，军队就是在面对死亡的风险时，达到真正平等的地方。对于军队在象征

何为真正生活

上的成人礼的作用，当代"民主"国家已经毫无办法。

或许今天的儿子们，以及他们不稳定的身份，触动了这个国家的顽疾的症候。或许，在我们的儿子们那里，可以看到古老的、长期以来被抛弃的马克思的预言的结果，在共产主义的旗帜下，给出其革命性的版本，在平等和广泛的普遍知识的情境下恢复儿子辩证法的全部内容。我们今天是否有这种国家萎缩的反动的或堕落的版本？在任何情况下，"民主"国家的象征化能力都遭到了严重的破坏。或许只有通过我们的儿子们，我们才不需要只在两个对立的选项中二择其一：要么社会主义，要么野蛮。

我们何以克服儿子们的症候，积极地创立一种新象征的情境？我们又如何避免这个问题的末日式的结果，即避免一场全体的非象征的战争？

正如我们在思想和生活中感到迷惘的时候通常会做的那样，我们需要新真理的指引，用我的话来说，我们需要的是某个事件让其成为可能的真理程序的指引。

例如，能够让我们远离被滥用的身体——那种无观念的身体的东西就是爱，或许正如兰波所说，重新发明爱。因为爱是大写的二（Deux）①的活生生的思想的体验，只有爱才能让儿子的身体摆脱被滥用身体的色情式的寂寞。

为了终结被牺牲的身体，我们还需要回归政治生活，能够给出一种强大而有效的形象的政治生活，这种形象公正无私地反对商品化表征的规则，反对自杀式地沉浸在成人的惯性当中。政治必须远离权力，因为国家不再是让儿子们变得成熟的象征。为了战胜宗教的影响（宗教不过是一个令人沮丧的替代品，它回归了那些陈腐的象征符号），我们提出，在有序的集体行动中，有一种非压制性的训练，其基本思想就寓于它自身之中。我们将所有战士的热忱汇聚起来，将散落在各地的主体聚集起来，既反抗那些冷酷无情的黑帮，也反对那些徒劳无功、令人扼腕的殉道形象。

主体反抗中规中矩的身体，这些中规中矩的身体通过知识

---

① 大写的二（Deux）是巴迪欧哲学的核心概念之一，他在他的《存在与事件》《哲学宣言》《世纪》等著作中给出了非常详细的论证。按照巴迪欧的说法，大写的二的概念，主要来自毛泽东的"一分为二"的概念，以往的哲学是"大写的一"（Un）的哲学，追求统一性，后现代哲学（对此，巴迪欧主要在《世界的逻辑》和《第二哲学宣言》中给予了批判）则是诸多（multiples）的哲学，而他的哲学既不是大写的一的哲学，也不是诸多的哲学，而是"大写的二"的哲学。——中译注

或技艺占据了高薪职位，他们对真正的知识创造力毫无兴趣，也对科学和艺术冷漠无情，他们不过从属于金钱主导的技术世界而已。

在这些前提下，儿子既是一个症候，也是一个贡献者，儿子能够进一步接近他期望有朝一日能够成为的父亲，一个完全不同于之前所有父亲的父亲。

我认为兰波（显然，我们需要重读兰波）已经看到了爱、政治和科学－艺术的三元组，其中，不同类型的父子关系命运成了关键所在。这并非回到旧律法的父子关系，因此，这也无须任何被牺牲的身体。

兰波预言了被滥用的身体，他践行着这种身体，并称之为"所有意义的错乱（dérèglement）"。他也践行着被牺牲的身体，他称之为"种族"或"基督"，在《地狱一季》中，他写道："我就是经受酷刑仍然引吭高歌的种族。"随后，他自己也与中规中矩的身体和解了。他放弃了梦想，放弃了诗歌，变成了商人，一个军火商，并将赚到的钱寄给他的妈妈："我自称为先知或天使，不受一切伦常的羁绊，带着求索的任务，我回归大地，拥抱那粗陋的现实。"兰波那令人眼花缭乱的生活，就是儿子的现代史中光速的传递。他用现代的词语，并使用这些词语的新意义说道："父亲，父亲，你为何这么快就舍弃了我？"我们知道，在福音书中，耶稣是在被钉上十字架处死，并最终升天的时候说这句话的，这就是被舍弃的考验。令人绝望的被舍弃，就是儿子们今天所面对的十字架。

是的，尽管最终选择从商，兰波依然知道，儿子们有可能有着完全不同的视野，一种完全不同的成人礼，完全不同的主体化的身体，这种身体逃离了被滥用、被牺牲、中规中矩的身体上的三元组。他在他的诗《神怪》(Génie) 中谈到了这一点。在他的众多其他诗歌中，这首诗通过转瞬即逝的救赎印象或者儿子身体的新形象的可能的拯救，描绘了在兰波心灵中产生的快感。他写道："他的身体，梦想得到解放，用新的暴力砸碎恩宠！"或许这就是为了让儿子们接受新的成人礼，我们工作的指导原则。

我会不断地重复说：哲学家的作用始终就是去"败坏"年轻人。今天这个作用有一个特别的意味：有助于保障儿子们的问题，不再隶从于三种身体的拓扑学，而是回归真理。哲学家的思

何为真正生活

考不可能仅仅限于最不坏的东西，即许多爸爸妈妈眼中的中规中矩的身体。是的，在爱、科学和政治中，还有一种恩宠，换句话说，某种关乎身体的东西，让其回归正在失却的观念。这或许会打破那种在个体中产生的恩宠，即臣服于商品和资本，绝非能够去存在的主体。主体是在砸碎之后回归于他的东西。还有，这绝不是"人权"那种反动的神话，不是所有暴力的终结，那仅仅是警察暴力的统治和无穷无尽的战争，是"新暴力"，通过这种"新暴力"，儿子们承认，为了真实父亲的快感，他们旨在创造一个新世界。

不，我们并不让我们自己臣服于中规中矩的身体的刀锋，这正是因为被滥用的身体和被牺牲的身体都为野蛮的警察暴力所围剿。如果说儿子们的身体注定成为拉康所谓"服务于诸善"，那么这种服务会让主体无法履行其真正的职责，即阻止主体变成真正的大写主体。随着哲学继续将具体的真理普遍化，人们必然会用新的暴力去砸碎恩宠。

我们的儿女们万岁！

第三章

论女孩的当代命运

何为真正生活

我很怀疑我能否讨论这个问题。

首先，作为一个上了年纪的男人，谈女孩子，尤其是年轻女孩子，这本身就是一件非常危险的事情。我只有一个女儿——克劳德·阿莲那（Claude Ariane），她鼓励我沿着这条危险的道路走下去。其次，这绝不意味着在当今世界上存在着"女孩问题"。在古老的世界中，在传统世界中，女孩的问题很简单：必须决定女孩该怎样出嫁，她必须从一个充满魅力的少女变成肩负重担的母亲。在两者之间，也就是在女孩和母亲之间，还有一个消极的被人鄙夷的形象——未婚妈妈（la fille-mère，字面意思就是女孩 – 妈妈），她不再是一个女孩，因为她是一个妈妈，但她又不是真正的妈妈，因为她是未婚的，因而她还是一个女孩。

何为真正生活

　　未婚妈妈的形象在传统社会中是一个重要形象，几乎在所有 19 世纪的小说当中，未婚妈妈的形象都很重要。我们已经说过，一旦面对双重性的概念，面对双重性的地位，女人就会处在其之间的位置，一个不在位置上的位置，例如，既不是女孩，也不是妈妈。这样，她就成了乔治·巴塔耶所说的"被诅咒的部分"（la part maudite）。在传统社会中，被诅咒的部分也就是女人的部分。未婚妈妈就是这样的情形。老处女是另一种例子。根据定义，女孩必须年轻。老处女就是另一个不在位置上的位置。不在位置上的位置的问题，绝对是一个经典的结构问题。然而，在我的冒险中，这个问题会充当我的导引线索。

　　在当代世界——不受约束的资本主义、商品、工薪雇佣制、交换、传播——女孩的定位不再仅仅局限于结婚生子。当然，那个古老世界并没有完全咽气。在全世界范围内，宗教、家庭、婚姻、母性、礼数甚至贞节，仍然在很多地方根深蒂固。但哲学家关心的不是是什么，而是什么东西将会到来。对于女孩来说，将会到来的，就是女孩不再完全局限于婚姻。当代西方世界的女孩不可能界定为通过婚姻嫁为人妇的女性。从 19 世纪晚期以来的

何为真正生活

整个女性主义运动得出了一个结果：女人可以也必须不依赖于男人而生存。女人必须是自主的人，而不是受男性干预的产品。尽管这里有些模糊的地方——我们后面再来讲，但这场运动导致了巨大的变化，尤其对女孩子的地位甚至定义都产生了重大影响。

在传统世界中，在如下意义上，男性的干预构成了女孩的问题：将女孩与女人区分开来的就是男人。男孩子完全不是这样的情况，因为男孩与父亲的区别并不是一个外在因素，如成为丈夫。将儿子与父亲区分开来的是对象征秩序的掌控。儿子必须接管父亲，儿子也必须掌权。他必须变成法律的主人。你们可以说，在女孩和女人－妈妈之间，存在着男人，他是一个真正的纯粹外在因素，她必须将她的身体臣服于他，人们经常说，她"献身"了，献给她所归属的那个男人。然而在儿子和男人－父亲之间，只有法律。

传统世界的女孩为了那个男人，放弃了自己的姓氏。她变成了"某夫人"，于是，她不同于那些工薪阶层，她要做家务，还得成为一个母亲，尤其可以说，她是"一家之母"（mère de famille）。在三元组"工作、家庭、祖国"中，工人和农民都象征着男性范畴，他们进行劳作，士兵也是男性象征，他们献身于保卫祖国，女孩则成为一个代表着家庭的妈妈。这个三元组有两个男性范畴——工作和祖国，反过来看则只有一个女性范畴——家庭。

在传统世界中，"合二为一"的现象通常会让女性感到困扰。看看法国的婚姻法，我们现在实施的是 20 世纪 60 年代早期制定的婚姻法，即 50 多年前的法律。从历史角度来说，50 多年的跨度不算什么大事。法律规定，丈夫有权选择家庭，而妻子必须生活在那个家里。但婚姻法没有规定丈夫必须生活在那个家里。因此丈夫有权利将他的妻子关在那个屋子里，而他自己则不受这个限制，只有女性有责任待在家里。以男人的方式合二为一：这就是传统家庭中的真实法律。

但什么是家庭？在柏拉图那里，家庭有三个主要社会功能：生产、生育、保卫。工作就是生产，家庭也是生育的地方，而祖国是需要保卫的。在生产与保卫之间，女孩子变成女人，局限于妈妈的劳动，生儿育女。这经常是合二为一的。传统女性就是工人和士兵之间的角色。她们待在那个工作并作为她丈夫的成年男

73

人的桌子旁边，睡在他的床上。她以爱国主义的方式悼念在战场上倒下的那个年轻人——她的儿子。女孩必须变成圣母玛利亚。再一次合二为一：父亲必须控制他妻子的身体，战死的儿子控制着她的眼泪。

然而，如今，传统家庭逐渐逐渐地在我们的社会中消失了。在当代世界的发展中，在即将来临的世界里，女孩可以选择成为一个工人，一个农民，一个老师，一个工程师，一个警官，一个合格的雇员，一个士兵，甚至共和国的总统。她可以不结婚而与一个男性生活在一起，也可以有情人，甚至有好多情人，或者完全没有情人。她可以结了婚再离婚，随时更换生活地点或所爱之人。她可以一个人独居，不会成为另一种重要的、可怜的传统形象，即老处女。她可以没有丈夫就有小孩，甚至可以与另一个女人一同哺育小孩。她可以选择堕胎。丑陋的"未婚妈妈"的标签消失了。有一段时间，人们谈"独居妈妈"（mère célibataire），但这个称呼很快被更中性的用词"单亲妈妈"（mère monoparentale）取代。如今单亲家庭可以由一个父亲和孩子组成，完全没有母亲存在。但没有人会用"未婚妈妈"的方式来说"未婚爸爸"。老处女本身的消极形象可以成为独立女性的积极形象。

是的，是的，我知道：这些东西都遭到了强烈的抵抗，在很多地方，这些还不是既成事实，甚至对许多欧洲民主国家来说，也不全是这样。但这就是正在发生的事情，也是正在到来的事情。在这里，我们的问题——我们所谓的问题，即女孩问题——出现了。它可以首先概括为：如果女孩或年轻女士，不需要用男性的真实作用，不需要用婚姻的象征作用，来与女人区分，那么她们的生存原则可能是什么？像我在谈论男孩子时说过的那样，她们会迷失方向吗？

关于男孩子的力量可以概述如下：作为成人礼的终结，他们中许多人去服兵役，这意味着男孩子们没有任何象征上的支点可以让他们与他们自己有所不同。对于生命来说，这种观念太缺乏了，即生命不仅仅是一天又一天地过日子。于是，需要一种永恒性的成熟。于是，我们每天都可以看到：成人，尤其是男性成人的孩子气的生活。面对商品的男性主体，就如同面对玩具的孩子。对于面对社会和选举秩序的男性主体而言，他必须做一个听话的、没什么想象力的学校学生，他唯一的愿望是站在阶层的最高峰，让所有人都在嘴上念叨他。

但女孩子又怎么样呢？可以认为，女孩子注定没有什么区别，作为女孩和成为女人之间并没有区别，因为男性和婚姻，既是真实的，也是象征性的，不再充当真实和象征上的区分。不过，我的假设完全不同。对于男孩子而言，由于传统成人礼的终结，他们始终处于孩子气的状态，我们可以称之为无观念的生活。对于女孩子而言，由于没有了女孩和女人之间、年轻女孩与女人－妈妈之间的外在区分（男人和婚姻），她们可以从内部构造一个被称为早熟的女性气质。或者说：男孩子的风险是不再成为成熟的男人，他们囿于自身之中，而女孩子的风险是她们过早地成了她们后来实际上将要成为的成熟女性。或者再说一遍：对于男孩子来说，没有憧憬，只有无尽的焦虑；对于女孩子来说，成人对她们的反作用，耗尽了她们的成年，甚至可以说耗尽了她们的童年本身。于是，她们有着早熟的焦虑。

看看现代社会中的大多数女孩子吧。她们与女人没有什么分别，她们都是年轻的女人，就是这样。她们的穿着打扮都像是女人，她们说话像女人，她们了解一切事情。女性杂志迎合那些极为年轻的女性的口味，其他杂志上的主题也都差不多：服装、保养身体、购物、发型、对于男性需要了解什么、星座、职场、性。

在这些前提下，在不需要任何人的情况下，将早熟的女孩－女人打造为成人，会有什么结果。结果就是处女象征的整体堕落。处女象征是传统社会中的基础：处女的身体证明了她没有被男人碰过和侵犯过，因为她还不是女人。女孩即处女：在象征上这是最为重要的东西。但在当代社会，这种象征被抹除了。为什么？因为即便真的是一个处女，今天的女孩也已经成为女人。她自己就经受了她将要成为的女人的反作用力，因为她已经是一个女人，没有让男人对她做任何事情。我们可以说，女孩的诗性形象，即那么多英文小说给我们展现出来的那种女孩的形象，跟今天毫无关系：当代女孩子看的杂志，教她们如何不冒任何风险地取悦男性，如何着装能让男人回头看，这些东西已经清除了诗性。这些杂志并没有错：它们所做的，就是让所有的女孩都成为她们已经变成的当代女性，也就是说，杂志的犬儒主义是清白的。

这就是为什么说女孩子要面对的白璧无瑕的天赋，在孩子阶段和在成人阶段是一样的，我们知道，她们现在——完全通过她们自己——远远超越了那些东西。如果说男孩子永远不成熟，那么女孩子则相反，她们总是太过成熟。让我给出一个例子：学校里的成就。从女孩子的角度来看，已经产生了一道鸿沟，尤其是在工人阶级社区里。对于郊区的年轻男性来说，学校是十足的灾难，他们的姐妹不仅获得成就，而且比那些邻近的富裕地区的女孩子做得更好，而那些千金小姐自己都会瞧不起那些愚蠢的富家少爷。我自己经常会看到，贫穷的男孩子，被警察从邻近的工人阶级街区拖拽到法庭上，而女律师，甚至女法官，或许就是他的姐妹。或者还有，由于性行为上的恶劣条件，那些男孩子会染上传染性性病，而治疗他们的医生或许是他们的姐妹或女性表亲。无论是何种社会上和象征上的成就，女孩－女人都远胜于男孩，男孩子无法变得成熟。

顺便说一句，这说明了社会剥夺绝不是一个问题。女孩子在郊区的情况和男孩子一样糟糕，甚至更糟，因为她们经常要做家务，照料弟弟妹妹。在厨房餐桌角落里忙碌，她们得意扬扬，她们知道期望她们做的家务不过是小孩子跟她们打打闹闹，而她们是明确的女人。

你们可以说，这是因为她们想逃避她们生于其中的压迫性世界。是的，当然是这样！但整个要点在于她们可以这样做。这仅仅是因为她们想要成为自由的女人，而这已经在她们的掌控之中，得到了强大的自我保障。而男孩子，并不知道自己是谁，不能成为他可以成为的人，女孩－女人可以很轻松地成为她已经知道她所是的角色。

结果，作为与男孩问题对立的女孩问题，不仅仅是这样的存在：那里只有女人的问题。女孩早熟成为女人，那么她是谁？她的形象是什么？

现在转向当代女性主义的形象，我想说明的是当代性别化的现代资本主义压迫的机制是什么。如在传统世界中，问题并不是直接臣服的问题，即在现实中和在象征上——丈夫和婚姻——让女人－妈妈臣服于男人－爸爸。相反，它进一步发展了在任何地方"无观念的生活"的律令。通过各种方式，这个律令不同程度地依赖于有男孩或女孩听从这个律令。生活可能就是无观念的生活，或者说是愚蠢的生活——这就是全球化资本主义所需要的主体性——这种生活来自无法变得成熟、永远陷入消费主义和竞争性成年的年轻男性。另外，这种生活也来自年轻女性，她们不可能成为女孩，不可能沐浴在女孩的光辉之下，她们在社会生成的犬儒主义中早熟地成为女人。

在资本主义怪兽群中，当代社会究竟想要什么？它要两样东西：对我们来说，如果有能力，它要我们购买市场上的产品，如果没有能力，它就要我们保持安静。对于所有这些事情，我们没有正义的观念，没有另一个未来的观念，也没有自由的思想。但所有真正的思想都是自由的。因为在我们的世界上，唯一重要的东西就是拥有有价格的东西，我们不需要有思想，不需要有观念。唯有在那时，我们才会遵守世界告诉我们的法则："如果你有能力付钱，就买吧，否则就闭嘴滚蛋。"唯有在那时，我们才会堕入一个完全迷失方向、不断循环往复的生活之中，因为观念给我们的指针已经消失。

传统社会完全不同，因为它有一个信仰，也有一个观念。

何为真正生活

压迫性的东西并不是你需要无观念地活着，而是那里只有一个强制性的——通常是宗教性的观念。其律令是"只能在这个观念下生活，不能有其他观念"，然而当代的律令，我们再重复一遍，是"不需要任何观念生活"。这就是为什么人们在过去40年里会谈论意识形态的死亡。

在根本上，传统律令是"做一个像你父亲一样的人，女孩子就要像你妈妈一样，不要随便改变观念"，当代律令反而是"做一个你想做的人类动物，充满着低级的欲望，没有任何观念"。但成为什么样的人类动物——无论如何，在今天——取决于你是女性，一个女孩，还是男性，一个男孩。

我们会说，男孩可以没有观念地生活，因为他们不可能经历思想上的成熟，而女孩也会没有观念地生活，因为她们经历得太多太快，没有任何中介，就直接成熟了，就像其雄心壮志一样毫无结果。男孩没有观念是因为缺少男性气质，而女孩则是太过女人了。

让我们说得夸张一点点。在这样一些前提下，世界会变成什么样？或许是，一些聪明伶俐的职业女性，领导着一群傻乎乎的大男孩。那么，还有某种东西，完全适应于我们生活于其中的昏暗而暴力的世界：从观念上看，那只有事物（des choses）。

让我们回到之前的女性形象那里，在女孩消失的地方，她们以早熟的形象出现。在由男性主导的社会数千年的发展过程中，女性形象的循环轮回，有四个极。

首先，女人是家里生产和生育的动物。女人居于以父之名进行主宰的象征性人类和前象征性动物之间。这个形象很自然包括妈妈的形象，妈妈也是其他三种形象的基础。其次，女人是一个魅惑男人的女子，是在性上十分危险的女人。再次，女人是爱的象征，即女人的自我献身，以及在情感上的自我牺牲。最后，但未必是最不重要的，女人是一个神圣的处子，一名中间人（intercesseur），一个圣女。

我们或许可以将之称为传统女性的正方形。女性分别是女仆、女妖精、情人和圣女。

这个既抽象又丰富的架构，一个十分明显的特征就是各个项之间不是彼此孤立的，而是配对的。可以给出非常多的例子，尤其是文学作品中女性的形象，无论这类文学作品是由男作家还是由女作家写作的。通常，一个女性会分裂成两个形象。这样，唯有当其与魅惑男人的女人（其最低贱的形式就是妓女）结合起来，我们才能思考仆人，即家庭主妇－妈妈的形象。这就是为什么说男人与一个女人的关系可以从母亲－妓女的二分法来考察。充满魅力的女妖精在一定程度上是与女性情人的热情成对出现的。在文学作品中，有着无数的女性的对立面，其中的情节描述了纯洁的爱情和不纯的爱情之间、爱情和欲望之间的冲突，或者说，一个高尚的情人面对她的强有力的竞争对手——一个自由散漫的女人，或者一个声名狼藉的女人。这个情人本身背负着高尚的负担，如果她献身于崇高，牺牲她自己，她这样做是为了投入上帝的怀抱，我们则可以将她称为升天圣女（virginité ascendante）。歌德在他的《浮士德》结尾处这样写并不是没有原因的："永恒的圣女让我们走向高处。"事实是，仆人仅仅是一个女人，因为她的潜在的配对项是女妖精，而女妖精是唯一强大的，因为她们入侵了情人的领地，情人是唯一高尚的，因为她们非常近似于女性的神话。

但是，有一个反转运动，让我们回到起点：崇高女性的神

何为真正生活

圣认可了母亲日常生活中劳作的无私，所以，宗教和道德的篇章可以很自然地通过女性形象的传递，从神话流向家庭。在西方世界中，最重要的女性形象就是圣母玛利亚，她有着近乎神圣的崇高，与此同时，圣母玛利亚也就是妈妈的原型，温柔照料儿子的母亲，也是为被钉上十字架的耶稣而哭泣的圣母玛利亚。从神圣的崇高返回到家庭中的妈妈，最终将这个四边形变成了一个圆形。她究竟是用什么方式完成的？事实上，每一个角色都是与另一个角色有着怪异关系的角色。所以，"女人"通常意味着双重性，即便是一个圣洁的妻子。她之所以能成为妻子，是因为她曾经诱惑过男性，她喜欢性爱，于是，这个妻子也是危险的，永远都是这样。此外，如果妻子是清白的，忠实于家庭生活，那么男人为什么要把女人关在家里，用面纱遮起来，不让别的男人看见她？隐藏在面纱之下的忠实的妻子难道不是一个危险的女人吗？她会欲火焚身，去幽会一个给她生命意义的情人？如果那个情人离开了她，她难道不会找个远离尘嚣的女修道院让自己献身于万慈的上帝吗？但倘若如此，她岂不是成了一个新的崇高的妻子，即一个绝对虔诚的妻子日复一日要成为的那个形象吗？

何为真正生活

在传统表达中，女人处在一个位置上，仅仅是因为她也处在另一个位置上。因此，女人是从一个位置向另一个位置的过渡。

但事实是，大写的二力量更大。说真的，所有的形象都被一分为二。

最简单的例子就是传统社会中的交换女人，要么是所谓的"原始人"的交换，即人类学家们研究的对象，要么是我们自己历史中也有的这种交换。在两种情况下，女人都是高级的家庭动物。我们知道，在一些团体中，男人可以通过实质性交换来得到一个妻子，如用两三头牛、用一些织物等等换得妻子。在另一些团体中则完全相反，如果女方不能提供足够的物质上的财物，男人就不会娶这个老婆。这就是嫁妆。对于这样的事实，即女性和金钱可以从同方向或者反方向流通，应该怎么解释？在嫁妆体系中，女人从一家嫁到另一家，带来了大量的金银财帛。而在纯粹交换女人的情形中，女人从一家交换到另一家，娶妻一方必须能够给对方提供大量的财物。唯一可能的解释是，女孩有着两个相对立的意义，在金钱流通的两个方向上分别表现出来。在第一种意义上，她是一个劳动力，能生孩子，可以卖个高价。在第二种意义上，她当然还是会生孩子，但是她必须得到很好的照料。这就是为什么嫁妆系统曾经是也仍然是——或多或少有些慎重——有钱有势背景下的命令，女人的家族必须展现出其家族的荣贵和高雅，在社会地位上必须占据优势，她的装束不得劣于其他女子。那些东西都很昂贵。相反，一个贫穷家庭的农妇，不仅要养小孩，还得在地里劳作。她带来的钱很少。我们可以说，对妻子的认可就是在作为劳动者的家庭动物和作为有嫁妆首饰的家庭动物之间摇摆。一些女人是辛苦的老牛，而另一些女人是波斯猫。还有一些女人——她们数量不少——试图同时担当两种角色。

　　换句话说，最客观、最基础、最明晰的顺从女性，即女仆的形象，看起来简单明了，实际上两种相矛盾的可能性已经从内部腐蚀了这种形象。

　　很容易说明，对于其他三种形象，这同样是正确的。例如，神话形象依赖于两种运动之间对照的张力，即自谦、谦逊、卑微的运动和荣耀的升天运动之间的张力。于是，这种形象既是一种压制性的贬低，也半透着神圣的光芒。修女是一种经典的色情形象，与此同时，她们与阿维拉的圣特蕾莎修女一起，在诗性的光芒中得到启迪。

我们可以说，那些东西不过是再现，它们完全来自男性的幻想。从再现的表面内容来说，这并没有什么错。但我想说的是，在女人可能是什么之中，有一些更深层次的抽象的东西。很自然，我们并不关心这些形象在人类学上的特殊性，我们关心的是大写的二的逻辑，是在二之间过渡，就像女性的定义一样。女性完全对立于大写的一，即单一权力的强烈肯定，而单一权力就是传统男性立场的特征。说真的，男性逻辑可以总结为父亲名下的绝对的一。此外，这种绝对的一的象征，在绝对中十分明显，而且绝对是男性的，即一神论中上帝的绝对的一。如今，这种绝对的一，遭到了处在二之间的女人形象的批判。

很明显我们可以问，为什么女人被界定为男人大写的一之下的二。正如一个笑话所说，我们可以记得，在法国，社保编码男人用数字1，而女人用数字2。我的回答是，这里的1和2并不是序数值，即男人第一性，女人"第二性"，而这就是西蒙娜·波伏娃一本书的标题。我所谈的1和2是基数值：这是一个内部结构的问题，而不是等级制问题。我试图说明，形式论（formalisme）从辩证法上思考了 1 和 2 的关系，这足以来思考两性之间的关系。或者毋宁说，这就是我们整个需要面对的问题，而形式论足以解决这个问题。

当然，我们显然不想得出经典的对女人的厌女症式的指控，即女人的双重性来自阴性的双重性，这种双重性对立于封闭的大写的一的本质。但我们应当记住，这一点就是关键所在，女人决定的是一个过程，而不是一个位置。什么样的过程？准确来说，就是过渡过程。正如很多诗人，尤其是波德莱尔所看到的那样，女人首先是一个路人（une passante），一个经过的人："哦，我或许已经爱上了你，哦，你已经知道了。"

让我们说得更直白一些，女人颠覆了大写的一，她们不是一个位置，而是行动。我在这里要说的有点不同于拉康的说法，并不是对全部的否定，即非全部（pas-Tout）支配着性关系的规则，而是它与大写的一的关系，准确来说，大写的一并不存在。如果你们相信上帝不存在，父亲之名的大写的一也就不存在，那么你们就能理解这一点。女人就是"不存在"（ne-pas-être）的过程，即这个"不存在"就是大写的一整个存在的构成因素。这就是有时让人们相信的东西，尤其是在浪漫爱情的形而上学中要相信的东西，女人是神圣的。事实上，恰恰相反，这就是人们在绝大多数时间里试图掩盖的东西。女人常常用自己来从世俗角度证明上帝不存在，上帝并不需要存在。我们所需要做的就是看一个女人，真正地看看她，我们立刻就会相信，我们可以在没有上帝的情况下轻易做到这一点。这就是为什么在传统社会中，女人必须处在视线之外。这是一个比日常生活中的性嫉妒更为严肃深刻的问题。传统社会知道，为了让上帝活着，就绝对不能让女人出现在视野中。

为了支撑这个无神论过程，即女人断定了大写的一的非存在，女人必须不断地创造出另一个项，让大写的一无法统一。这样，她在二之间摆渡。这并不是因为女人是双重的，或有两面性，而是说，在任何时候如果要给女人指定一个位置，都会因为这个在二之间的位置及其双重性，即对立的两极，而让二成为超越大写的一的途径，而女人有能力引出这种双重性。

这样，女人创造了消解大写的一的双重性，并高傲地宣布了大写的一的非存在。

在这个意义上，女人就以二之间的摆渡的形式，超越了大写的一。这就是我对女性思辨式的定义。要注意，这与女性传统的四个形象是兼容的：女仆、女妖精、情人、圣女。传统的压迫就是为了去封闭大写的二的力量，这个力量会颠覆大写的一的力量，即由那些形象构成的封闭的圆形。传统并不是摧毁了大写的二的力量。它让其封闭，即它会错误地相信，一个封闭的循环会消耗掉那种力量。

所以我们一开始的问题，即当代世界中的女孩的问题，现在更为清楚了。我们需要考察的是，对于女性的这个临时性定义，现代女性的早熟会产生什么样的效果，她们会为资本主义的权力付出什么样的代价，才能让她们不再是女孩，而是女孩－女人。

在这里，我要简明扼要地说下这个问题：今天，从两个方向上，对女性形象施加了强大的压力。第一个是试图统一所有的女人。第二个是她们必须要养孩子。

当代资本主义很迫切，实际上也要求女人接受新形式的大写的一，这种大写的一试图取代象征权威的大写的一，取代父亲之名的合法的宗教上的权威，我们知道，新的大写的一就是消费主义的、竞争性的个人主义。男孩子给出了这种个人主义的羸弱的、成人的、轻浮的、无法无天的版本，或者说，一个接近犯罪的版本。女孩－女人则要求一个更坚强、更成熟、更严肃、更合法也更苦难的消费主义和竞争性个人主义的版本。这就是为什么会有一个资产阶级的集权主义式的女性主义版本。它并不是号召创造出不同的世界，而是让女人来掌控这个世界的权力。这种女性主义要求女人当法官、当军官、当银行家、当高级经理、当议员、当政府官员、当总统。甚至对于那些不是这些角色的女人来说，绝大多数女人都是如此，她们认为这就是女性平等的标准，也是女人的社会价值。在这个意义上，女人就是无往而不胜的资本主义的常备军。

所以，与创造出一个不同于大写的一的过程（这个过程要创造出大写的二，在二之间的过渡）不同，女人变成了新的大写的一的模板，这个大写的一就赤裸裸地矗立在竞争性市场之前，新的大写的一既是女人的仆人，也是女人的主人。当代女性就是矗立在父亲之名的废墟上的新的大写的一的象征。

结果，三种古代女性的形象——危险的魅惑、爱的礼物、神圣的崇高——都消失了。可以肯定，女人的大写的一，自然就是魅惑性的，因为魅惑就是一种有力的竞争武器。女性银行家和女董事会主席，就是在她们自己作为女性的基础上傲视群雄的，而这个基础是魅惑能力。然而，这种魅惑所代表的危险，是大写的一的武器之一，它绝不是双重的，并会威胁到这个新的大写的一。这就是为什么它不能与自我牺牲的爱联系起来，这是非常脆弱的异化类型。女人的大写的一是自由的，她是坚强的战士，如果她决定进入关系之中，那么这种关系必定建立在她与共同利益的媾和基础上。爱变成了这种媾和的生存方式，变成了同其他人的生意。最后，女人的大写的一，不太关系神圣的崇高。她更喜欢真实的组织。

在根本上，关键并不在于女人要跟男人干得一样，而是在资本主义的前提下，她们可以比男人干得更好。她们比男人更为现实，也更为冷酷，更为坚强。为什么？这正是因为女孩不再变成女人，因为她们已经是女人，而男孩并不知道如何成为男人。

所以，对于个人主义的大写的一，女人要比男人强得多。

如果我们喜欢看科幻小说，或许我们可以简单地预言，男性会灭绝。你们得冷冻数亿的男性精子，这等于数亿的基因可能性。如今，生殖是由人工授精来保障的。所有的男性都会灭绝。就像蜜蜂和蚂蚁一样，人类就是由女人组成的，她们可以做一切事情，我们知道，象征秩序是实际的资本主义所需要的最低层次的唯一秩序。

毕竟，资本主义需要的是由工作、需求和满足构成的生活。简言之，动物般的生活。可以证明，动物性需求最多的是女性，男性仅仅对生殖有用。但人类已经完全掌握了人工生殖技术，这样就不需要任何交配或男人了。所以，在人类历史上第一次遇到了男性终结的真实可能性。

然而，这个预测是虚构的，它十分清楚地说明了今天所有问题的关键就是人类种族及其模态和象征体系的繁衍。这就是今天女性的第二个问题。我谈过女妖精、情人、圣女的形象，她们直接受到了男性灭绝的威胁。那么作为女仆的女人呢？这里的问题是，如果我们承认女人可以做男人做的一切，但其反命题，在这个时间上看，并不正确。有一件事情男人做不到，即生孩子。相应地，女人还是女仆，很自然，她并非男人的女仆，而是全人类的女仆。如果和男人一样，出于个人方便上的理由，她宣布自己不能生育，不能养孩子，那么人类种族就只能等着灭绝。在这个意义上，在这一刻，即便是资本主义的女性的大写的一，也仍然需要女人是一个女仆：人类的女仆。

这就是为什么今天的对话会集中于这样一个主题：养孩子，生育。这就是我们总听说的所谓的"社会"问题：堕胎、杀婴、负责养孩子、性满足、同性伴侣、代孕妈妈等等。这也就是为什么资产阶级的女性主义展现出对母亲的敌意，即对古老的女仆形象的最后的归宿的敌意。例如，可以看到，在伊丽莎白·巴丹特（Élisabeth Badinter）的作品中，她要求我们终结"母性直觉"（instinct maternel）的观念，肯定了女人没有孩子或者不想要孩子也能圆满完善地生存。这个立场与当代的女孩－女人的观念完全一致，因为如果女孩已经是女人，那么其逆命题也正确：所有的女人都是女孩，女孩不想要小孩。这或许是完全合法的选择。但你们也不得不承认，这不可能是一个规则，因为问题在于，一旦规定了统治，正如康德所说，就不得不考虑其普遍化的结果。然而，如果普遍地不要小孩，就等于人类种族终结了。这是一个灰暗的前景，当然所有人最终都宁愿让女人成为人类的奴仆。再说一遍，将资本主义女性的大写的一分裂为一个创造性的二重性，因此，也为之提出了一个非常艰难的主观问题。

在这里，我感觉那像是在说：当代资本主义社会毕竟要处理它自己捣鼓出来的问题。我仍然不十分清楚，我们要同时接受传统女性形象的终结，以及女人的大写的一成为资本主义的常备军。女人还会打破，并已经多次打破了由女仆、女妖精、情人、圣女四个形象构成的想象的和象征的循环。但许多女性绝不会在消极自由的基础上，将自己的命运交付给资本下女人的大写的一。她们知道当代女性的形象已经摧毁了大写的二的力量，用一种抽象的奴役取而代之。她们知道，作为其结构，养孩子，摆脱了强大的象征化体系，只能作为一个不可化约的家庭工作来延续下去，这是一个没有任何荣耀的创造性。她们也看到那种有点玄幻的，男人灭绝的前景，这将让她们成为她们自己的奴隶，并释放出她们潜在的愤怒。无论你是男人还是女人，首先必须肯定的是，在某种程度上，女人问题是存在的，女人的问题不可能由当代资本主义社会的要求来决定。我们需要选择一个完全在此之外的出发点。这或许是第一次说女性与一种哲学上的姿态有关的原因，正如我们刚刚说明的那样。因为新的出发点既不是生物学的，也不是社会和法律的。它只可能是与象征创造相关联的思想姿态。所以，姿态关系到哲学的冒险，新得出的一点是，这种女性的象征创造必须包含不同于动物性生殖意义上的养孩子。

我们假定象征秩序或法律秩序不再绝对依赖于父亲之名，那么，我们就可以抛弃所有的超越性来思考真理。上帝真的死了。因为上帝死了，男性封闭的大写的一不再主宰着整个象征秩序和哲学思考。对这种思考的性别化是不可避免的。那么在没有上帝、没有父亲保障的真理的真实层面上，这种性别关系如何起作用？这就是我们需要开始谈的问题。具体来说，参与解放政治的女人是什么？女音乐家、女画家、女诗人是什么？在数学和物理学上做出杰出贡献的女人是什么？一个女人，并不想当神秘的女神，而是想在恋爱关系中，在思想和行为上平等地承担责任，她是什么？女哲学家是什么？反过来说，一旦"女人"一词与在象征上创造出平等的力量相一致，创造性的政治、诗歌、音乐、电影、数学、爱会成为什么？哲学会变成什么？

这些问题正在被解答，因为女人正在二之间的位置上解答这些问题，可以描述为：既非传统，也非主流的当代。女人是二之间的过渡，是对她们必须成为的大写的一的颠覆。这就是唯一的张力关系。说真的，相对于男性，资本主义以"解放"的方式究竟赋予了她们什么，我们对此问题需要更加谨慎。我并不知道在女人已经陷入其中的泥淖中，她们会创造出什么。但是我绝对相信她们。尽管我真的不知道为什么，但我真的可以肯定，她们会创造出新女孩。而这个新女孩注定会成为新女人，新女人并不是现在的女人，而是她们必须成为的女人，新女人完全进入新象征的创造，也包含了养孩子。因此，新女人也会让男人来完全共享这个成果，在普遍的象征上，共享生育的成果。因此，生孩子带孩子的不再是一个女仆。男人和女人会共享新的普遍的象征化的生育及其全部成果。一个现在不为人知但最终会出现的女孩，可以大声向天空中上帝的空位置宣布（或许她们已经在某些地方

何为真正生活

宣布了):

    如此壮丽的天堂，真正的天堂，看看我如何变化吧！

我如此了解你们……

本篇前言

构成本部分的两篇文章来自两次讲座，第一篇是在亨利四世中学（lycée Henri IV）的讲座，第二篇是在国立美术学院的讲座。两次讲座都有大量的听众，听众大多为青年，尽管他们来听讲座有着不同的理由。当然，在高中，高中生不会是些年龄太大的人。在国立美术学院，情况则不一样，因为至少大多数听众并不是这所学校的学生，相反，他们属于由青年和上年纪的人组成的非正式的组织。这些听众大多来自最近的群众运动，即聚集在共和广场上的"黑夜站立"①（Nuit debout）运动，为反对瓦尔斯－奥朗德（Valls-Hollande）政府炮制的劳动法，这场运动采取了行动，为未来做准备。他们在国立美术学院非常有序地联合起来。这个组织叫"结局"（Conséquences），这个名字非常不错。

---

① "黑夜站立"运动是 2016 年 3 月 31 日开始的法国社会运动，为的是抗议计划中的法国劳动法改革。"黑夜站立"运动主要以法国巴黎的共和广场为中心，抗议者 3 月 31 日晚上在这里举行抗议集会，活动扩散到法国的许多城市及乡镇，在欧洲其他国家也有类似活动。——中译注

我进行的演讲主要基于两位青年朋友的介入和邀请，他们两个涉及两个地方，这些地方都聚集着大量青年，一个地方是哲学的，而另一个地方主要是政治的。

在这两个地方，听众都很多，他们聚精会神地聆听，进行热烈的讨论。

第一篇文章的关键词是大他者（Autre），第二篇的关键词是政治。我们很快会看到，我相信，两种需求会巧妙而紧密地衔接在一起。基本上可以说，这两篇文章显然是我最近一本关于真正生活的书①的延续，那本书在很大程度上也是给高中生看的。

再说一遍，雅典城邦公民对苏格拉底公共行为的评判是"败坏年轻人"，这意味着：给年轻人提供多种途径，如果不能去改变世界，至少要让他们有充足的欲望，来经历他们或许会经历的一切。

---

① 巴迪欧提到的书是《何为真正生活》（*La vraie vie*），法雅出版社 2016 年出版，即本书第一部分"何为真正生活"。——中译注

第一章

我如此了解你们

何为真正生活

谢谢你们有这么多人来。我很高兴在这所名校，同这么多与曾经的我十分相似的朋友来对话，尽管我是从路易大帝中学毕业的。我只是提一下亨利四世中学和路易大帝中学的悠久的对立，因为我打算超越这个对立，正如你们可以看到，我正在亨利四世中学讲话。

我喜欢以一些老话做开场白。但这是很重要的老话，你们绝不能忘记的老话。有些东西总是相当平常，相当老旧，但是，也正因为如此，这些话被忘记了，遗忘破坏了那些最奥妙或最根本的思想。那么，因为我们要谈谈大他者，所以我想从关于"同一"（Même）的老话开始。事实上，我要从一个基本的唯物主义的定义开始，从我们所有人都是这种有着清楚界定的动物物种的成员，即人类物种的定义开始。这是一个非常晚近的物种，实际上，从我们这个微小而孱弱的行星的整个生命发展史来看，人类物种顶多存在了 20 万年[①]，然而地球上的生物已经存在了上亿年了。

这个新近物种的最基本的特征是什么？

你们知道，包括我们自己在内，物种的生物学标准是，雌雄交配并能繁衍后代。现在，无论肤色，无论来自何方，无论身材高矮、观念如何或者有着什么样的社会组织模式，显然人类的交配行为始终发生着。这是第一点。

此外——这是第二点——人类的寿命，即另一个物质性标准，似乎人类无法超越 130 岁的年龄。你们都知道这一点。但已经可以让我们做两个评价，我相信，这些评价非常简单，非常基本。

第一个评价是人类物种，人类动物在宇宙中的经历实际上非常短暂。这一点很难想象，因为对我们来说，20 万年已经让

①　原文如此。——中译注

105

我们摸不着头脑了，尤其是与我们短短 100 多年的寿命相比，更是如此，我们个人无法超越这个寿命。然而，我们必须记住这句老话：与整个生命发展史相比，智人（Homo sapiens，即我们以相当自命不凡的态度称呼我们自己的物种名称）物种非常短暂，这是独一无二的经历。因此，可以认为，我们只是刚刚开始，或许只是这个独一无二经历的开端。我们要确立一个时间范围，可以谈论和思考人类集体的发展。例如，至少从我们的标准来看，恐龙没有什么吸引力，但与我们物种存在的时间相比，恐龙存在的时间要长得多。这个时间范围的跨度不是几千年，而是上亿年。我们所知的人类是否可以将自己想象为一种刚刚开端的物种呢？这是什么东西的开端？这些就是我们要去探索的问题。

第二个评价是，存在着一个无法否定的物质层面，一个生物学本质——物种的繁殖、降生，在这个基础上，或多或少能证明我们是一样的。我们都一样，或许，我们就是在这个层面上一样。但我们在这个层面上生存着，并在物质上得到确定。还有死亡的问题，死亡或多或少会发生在一个时间跨度之内。

那么，可以放心大胆地认为，人类有着同一性。最后，我们千万不要忘记人类的同一性，我说的是千万不要，尽管人类有着大量的差异——我们还要说这一点——不同的国家、不同的性别、不同的文化、不同的历史使命等等，千差万别。然而，人类同一性是建立在一个无法否认的基础上的。我之所以这么说，是因为这个基本同一性的问题无论是否可以在象征层次、社会组织层次、同一性和他异性之间的关系层次上再现出来，我们都必须承认这是一个开放的问题，因为基本同一性是既定事实。

总而言之，我们要清楚地思考大他者，我们也必须清楚地说明同一性。

我加上第三个评价。可以证明，人类知识能力相当有可能是一种恒定的能力。当然，人类历史上曾经有过一次基本的革命，在我看来，实际上只有一次，也是在整个人类动物发展史上最重要的一次革命：新石器时代的革命。在相当短的一个时期里，也就是说在几百年时间里，人类首先发明了稳定的农业，开始在陶罐里贮藏谷物，然后出现了剩余的食物，接着，食物剩余产生了人类阶级，一些人不再直接涉足生产劳动，再然后出现了国家，由金属武器拱卫的国家，最后，也出现了书写，书写最初用来统计牲口般的生产者，并向他们课税。这种情况极大地激发了各种各样技术的保留、传播和发展。

与 1 000 年前的这个变化相比，其他变化实际上在时间长河中就不那么重要了，因为在某种程度上，我们仍然处在那个时期确立起来的时间范围之内。这包含了慵懒的统治阶级、极权主义国家、职业军队、国家间的战争。所有这些都遥遥领先于那一小群狩猎 - 采集者的群体，他们之前代表着人类。我们仍然处在这个时间范围里。我们还是新石器时代的人。

不过，这场革命不意味着我们在智力水平上已经优于新石器时代之前的人。我们要记住萧维洞穴中的岩画，人们都听说过那些岩画，它们出现在 3 万年前，那个时期人类还处在狩猎 - 采集群体时期，远远早于新石器时代的革命。这些岩画的存在证明了人类动物的反思、沉思和观念升华的能力，还有他们的技术能力，已经基本上与今天的我们差不多了。

那么，人类同一性不仅是生物学和物质层面上的同一性，在整个发展过程中，也必须毫不犹豫地认为，这也是知识能力上的同一性。这个基本整体，即生物学和精神上的同一性，成为那些认为人类不是同一的，认为人类要区分为若干不同亚种的人的理论，即所谓的若干"种族的理论最重要的障碍"。你们知道，种族主义严防并禁绝着"优等种族"和"劣等种族"之间的性关系，更不用说通婚了，优劣种族的区分意味着某些人总是想在人类整体上区分出不同的亚种族来。他们颁布了一些可怕的法律，让黑人不要接近白人妇女，或者不让犹太人接近"雅利安人"妇女。在种族主义各种流派的历史上的这些明目张胆的胡说，都试图否定这个证据，即否定人类的基本共同体，此外，这也波及其他一些差异，如社会差异。众所周知，统治阶级的女性基本上不会嫁给工人阶级的男性，甚至不会与之发生性关系，更不用说生个孩子了；主人不会与仆人努力生育后代，等等。换句话说，人类在很长一段时间里，如果说人类是一个共同体，会被当作社会的耻辱。

如果我们认为人类共同体可以反对所有形式的种族主义和隔离，包括种族隔离、民族隔离、宗教隔离、社会隔离（也就是说，以阶级为基础的隔离），那么他异性问题，即大他者问题会是什么？如果我们认为人类物种的基本存在没有太大差异，那么一般意义上的大他者是什么？如果我们承认人类的基本统一的原则，那么我们何以在保留同一性原则的基础上来谈大他者的存在？

你们知道，在我们世界上的许多地方、许多地区，还有人认为女人、某些群体、某些国家、某些宗教或者某种特殊的习俗十分低下。还有一些地方，包括我们这里，我不得不说，人们倾向于认为自己拥有更高级的文明，认为自己就是地球的中流砥柱，认为我们政府所谓的"民主"制度是这个星球上最好的制度，不仅现在如此，而且永远如此。

顺便说一句，我们总统选举的惨淡景象，在这个方面，会将我们钉在耻辱柱上。难道你们不这么认为吗？

或许今天最重要的问题就是统治性的社会组织的问题——事实上，它之所以是统治性的，是因为它接管了大部分人类发展历程，即全球大部分空间。

这个组织就是"资本主义"——它的正式名称，它在人类共同体的内部创造出无数的不平等，即他异性的怪异形式，而在某种程度上，资本主义也可以很好地掌握人类共同体。在这个方面，有很多我反复谈过多次的熟悉的统计数据，我们需要了解这些数据。事实上，总结起来一句话：今天，一小撮全球寡头实际上剥夺了数十亿人的生存机会，强迫人们在世界上寻找工作岗位来养家糊口，等等。

人类仅仅是历史存在的开端，与之紧密相关。我的意思是说，从社会关系角度来看，从实践上的人性来看，从真正的人性来看，这个统治性的组织非常脆弱。仍然处在新石器时代的人意味着尚不存在这样的情况，即从生产、创造、组织角度来看，人类无论如何都还没有以他们是基本共同体为基础来生活。或许人类的历史存在已经涉及试验和产生某种集体生存模式，依赖于基本共同体来生活。或许我们正处在这个计划的试错和尝试的阶段。

萨特曾经说过，如果人们不能达到共产主义——回到这个词最清白的用法上——那么，在人类灭绝之后，可以说，人类的存在如同蝼蚁一般。很容易理解他在说什么。我们知道蝼蚁的集体等级制体系是一种专制的组织模式，所以他的意思是说，如果我们从人类需要且有可能生产出一种配得上他们基本共同体的社会组织，即生产出一种将自己有意识地看成一种统一的物种的观念出发来研究人类历史，那么，所有这种尝试的失败都会将人还原为其他的动物形象，成为仍然在为生存而斗争、诸个体间彼此斗争、适者生存的动物形象。

我来换个说法。十分清楚，我们需要的是：在现在的几个世纪里，在我们不能理解的时间范围之上，必须要有继新石器时代革命之后的第二次革命。在级数上，这次革命可以与新石器时代的革命相媲美，它将以人类的内在组织的恰当秩序恢复人类的基本共同体。新石器时代革命给了人类史无前例的交往和生存途径，还产生了各种冲突和认识，但是它并没有消除不平等、等级制、暴力和权力的形象——离此差得很远，在某种程度上，情况还恶化了——这些东西都在史无前例的时间范围内增长起来。第二次革命（我在这里界定得十分宽泛，也就是说，我谈的是前政治的层次）将会实现人类共同体，即一个无法否定的共同体，重新让人类掌握自己的命运。人类共同体不再是一个事实，它会成为一个规范，因为人类必须肯定并获得他们自己的人性，而不是在差异、不平等、各种各样的碎片化的形象（民族、宗教、语言等等）中生产出自己。第二次革命终将消灭人类共同体范围内的财富和生活方式的不平等——实际上的罪恶。

可以说 1792 年至 1794 年法国大革命期间曾经试图在各种名义下去获得真正的平等，如"民主""社会主义""共产主义"。也可以认为，当下资本主义寡头的暂时"胜利"，意味着这些尝试的受挫，但我们可以认为这是暂时性的，当然，如果从人类共同体的角度来看，这并不能证明什么。像这样的问题，不可能由下一次选举来解决（事实上，没有什么能解决这些问题）。这些问题已经存在了几个世纪。最终这仅仅代表着"革命尚未成功，同志仍需努力"（Nous avons échoué, alors continuons le combat）①。

事实仍是如此，与其他的物种一样，人类是由个体组成的。所以，（也就是说）在微观范围内，大他者的问题，甚至该问题的某种绝对值，似乎是遥不可及的。一方面，存在着在生物学和历史过程中的整个人类的共同体；另一方面，微观上的个体组成了人类，我们通常会说，在某种意义上，存在着我，即我自己的

---

① 这句话的法文直译应为："我们已经失败了，但我们需要继续战斗。"个人觉得孙中山的这句"革命尚未成功，同志仍需努力"更能表达巴迪欧所需要表达的意思，故在此借用孙先生的这句名言来翻译。——中译注

何为真正生活

同一性，还有其他人，其他人属于大他者的范畴。当然，兰波说过："我就是他人。"我们会明白，在某种意义上，真的是这样。不过，我们必须注意，一开始，我们只能在性、婚姻、家庭、政治、语言、意识形态的习俗中生活，在各个地方，这些习俗迥异。我会死去，但其他人会活下来。我感到快乐，但其他人正在经受磨难。反之亦然。毫无疑问，我不断地体会我与他人之间的相似性，但我与他们不同，这意味着我不可避免地会经历我自己的独特性。

你们知道，即便在生物学上基因图谱确保了我们的独特性，在这个层面上也有很多同一性——它们都非常丰富——尽管在DNA编码上证明，差异很微小，但我仍是独一无二的，且情况的确如此。

所以，对于自我的独一无二性，对于人类动物和其他物种的关系，我们现在需要考察四个不同的文本：一个是雨果的，一个是萨特的，一个是拉康的，还有一个是黑格尔的。这条道路将引领我们从肯定的同一性走向辩证的大他者。

我从雨果的文本开始，因为它可以让我很顺利地回到我先前提及的人类共同体的概念。这个文本非常有名，即他的《静观集》（*Contemplations*）的序言。我敢肯定你们大家都很熟悉这个文本，我来读一段给你们听：

> 我们没有人有资格拥有全部属于自己的生命。我的生命是你的，你的生命是我的，你过着我过的生活，命运是一样的。照个镜子，看看里面的你自己。人们有时候抱怨着"我"的作者。他们叫道："向我们说话，谈谈我们。"啊！当我对你们说我自己的时候，我也就是对你们说你们自己。你们怎么会不明白这一点呢？啊，你们这群傻瓜，认为那是我而不是你们！

在这里，雨果用他那精妙绝伦的笔法，激发了这样一个问题，即人类共同体实际上就是自我和他者之间的关系。我们可以说诗人和科学家不同，诗人通过他们独特的语言棱镜看到了人类共同体在某种程度上反映了人类生活的深刻的同一性，尽管还存在各自生活上的个体特殊性差异，但仍然存在着恒定的同一性。这就是大他者的情同此心的角度，我们知道，在所有人类的生命中，我们都用我们自己的生命看到了这种深刻的同一性，在微观层面上，这种同一性反映出作为整体的人类总体同一性，或者我们可以说——类性。最终，正如雨果所说，人类生命在根本上与作为整体的人类命运没有太大差别，因为我们可以通过某种直接的感觉，明白在他者的生命和我自己的生命中有着共同的冲动，尽管彼此在细节上有诸多不同。

这里的主要词语是"生命"。在何种意义上，可以说生命——个体随着时间而生成——界定了个体的独特性？这就是雨果的根本假设：所谓的生命，个体的生命，是奠基于某种发生的事物上的，如作为整体的人类历程，它在自然中是类性的。实际上，不可能在其中做出根本区分。在这里，一切都关联于对这样一个问题的回答：我们是否可以认为个体可以还原为他们的生命？这是个怪异的问题，但雨果隐含地回答了这个问题："是的，我们可以，我们必须是。"个体就是他们的生命所完全涵盖的东西——他们的生命，换句话说，他们的所作所为，他们之所是，以及他们所梦想的东西。

我想某些东西可以用来反对这个看法。可以反对说，个体实际的生命可能不会是这样的，因为外在原因，他们并不能获得他们所能得到的任何东西。换句话说，外部的相异性将个体与他们真实能做到的事情区别开来，那些东西并不会实际地出现在他们的生命过程之中。我们可以说，一个个体显然是一个生命，但个体的生命并不必然是其内在存在，即个体的真实潜能的实现。在某些方面，个体将自己的生命同他们的生命本身区分开来。在那种情况下，可以简单地说：我在大他者那里认识到他们与我类似，因为他们有着我并不充分拥有但和我同样的生命。因为可以认为，个体是无限量的可能性，这些可能性并未完全实现，由于各种外在原因，如社会关系、不平等等等，绝大多数可能性不可能实现。这是否意味着我们要从个体定义中抹除这些不可能实现的内在可能性呢？难道这不是对他们真正存在的伤害吗？这是一个值得思考的问题。

最后，可以称为大他者的人文主义理论——这显然是维克多·雨果的理论——有一个局限：我们知道，通过生命的中介，我们可以与物种基本共同体相关联，这种观念归功于某种移情或生命的成人。我个人认为，"生命"是一个太宽泛的词，太近似于与个体相对立的纯粹物种的规定。谈到"生命",这是一个太大的框架,无法保留个体独特性的具体差异,尤其是因为,由于某些外部原因的作用,这些差异相当于未被实现的潜能。我在这里要做一个结论:当谈起人类生活的平等的成就时,最重要的东西莫过于考察一下是什么从外部让人们的生活变得羸弱不堪。从外部来看,仅仅从生命范畴无法解决其羸弱的问题。相反,它所面对的是保留生命或者生命资源的问题。对于第一个文本,即雨果的文本,就谈这么多。

第二个是拉康的一个句子,是以他特有的玄妙莫测的风格说出的句子:"所有的欲望都是大他者的欲望。""大他者"可以用大写的 A 来表示。

这一次,你们可以看到这一点是如何与我之前的评论关联起来的,通过他们的欲望来触及个体,而最准确的词就是"生命"。"生命"一词显然是一个总体化的词,而"欲望"则暗示着一个向外投射的独特性。所有的欲望事实上都是对某物的欲望,这种欲望,拉康称为对对象的欲望,他用小写的 a 来代表"小他者"。借助欲望,我们并不是通过人们生命的客观变化,而是他们向外在世界投射的形象，尤其是向大他者的投射（无论成功与否）来理解个体的。这就是拉康的话首先要说的东西：所有的欲望都是大他者的（de）欲望。所以，在虚幻的、不实存的（inexistants）、幻想的形式下，个体的差异包含了世界的多样性、他者的多样性以及想象等等，这些东西都是欲望的对象。

　　你们会看到，在这个方面，相异性超越了个体性，与此同时，也构成了个体性。因为欲望是大他者的欲望，在构成主体性的时候，大他者不可或缺，所以，它们不再仅仅被看为一种客观资源。这个句子的巧妙之处就在于法语介词 de 的含混性，因为"他者的欲望"（désir de l'autre）也可以代表其他个体的欲望。"所有的欲望都是大他者的欲望"可以代表：所有的欲望都是他者的欲望。也就是说，最终，所有的欲望都是他者欲望的欲望。其他亦是如此。所以，在那种情况下，从与他者的关系来看，欲望都被视为欲望的欲望。毕竟，这是一个感受欲望的共同经验，说深一点，这就是对他者欲望的欲望，去获得他者欲望的欲望。这样，我们在这里看到，在主体本身最核心的地方，主体的构成依赖于他者，这种依赖不仅是客观的，也是主观的。同一性对他者的依赖，不仅仅是从其来源，或可能性，或社会关系等等上来说的，在最深刻的层次上，也是从欲望上来说的。在他们自己欲望的中介下，在某种意义上，他们已经与他者相联系了。如果我们的欲望是对他者欲望的欲望，例如，这样的情况已经多次出现，如果我的欲望是他者欲望我的欲望，那么我的欲望在于客观化（objectiver）他者的欲望，因为我将他者欲望当作我自己欲望的对象。所以，他者的主观形象是由我的欲望构建成一个对象的，也恰恰由于作为我欲望的对象，并不确定作为个体的他者会接受我对他的客观化，因为对他们来说，对他者来说，他们的欲望实际上也是主观的。这样，将欲望的主体性建构成一个对象，或许可以体现为一种无法接受的客观化。最后，在拉康的句子里表达的是，他者实际上变成欲望的核心奥秘，因为他们总是通过这样或那样的方式对我的欲望负责。从他者欲望的角度来看，必须要道出对我的欲望负责的某物。

这就是相异性的主观内在化的过程。相异性，外在于个体，不再是一个外部的或限制的关系，不再是屈从或差异，相反，他者变成了主体本身的奥秘，这恰恰是因为他们就是欲望的奥秘，欲望总是需要一个回应。

我们在这里提出了一个非常主要的观点，这就是从相异性角度提出的个体问题，显然这也是同一性的问题，除非同一性本身在其内就包含了他者。换句话说，没有相异性，就没有同一性。我们从中学到的非常重要的内容就是，它总是一个幻想，有时候甚至是罪恶的幻想，认为可以存在没有相异性的同一性。消除相异性会导致——实际上历史上已经导致了——血腥屠戮，从这个角度来看，如果不理解所有的欲望都是他者的欲望，他者内在于我自己的欲望之中，那么我们就会认为他者是外在的，是一个我的欲望永远拒绝的边界，所以我就要摧毁他们。从我们的出发点来看，这意味着，对于在共同体中，在主观内在性层次上思考的人类来说，最重要的是要理解他者只是主体自己的一个印象，而不是某种可以还原为他们欲望对象的东西，或者提供的服务，或者一个纯粹对话性的外部。很明显，精神分析在很大程度上说明了这一点，这就是精神分析的最基本的贡献。它进一步说明了主体的象征构成如何让他者成为其构成的内部范畴，任何想将相异性驱逐出去，并彻底清洗主体的企图都会导致犯罪或

何为真正生活

自杀行为。

　　第三个文本是萨特的，从中可以得出一个否定性的结果。最终会认为他者存在于我之内，他者的存在导致了内在的强制，这事实上是对所有人性的诅咒。这段话实际上摘自《禁闭》（*Huis clos*）的结尾，《禁闭》是萨特的一部戏剧，非常有名。我来给你们一点点背景。三个人——两位女士、一位男士，被锁在一间屋子里。男士离开一位女士，找另一位女士，情节非常俗套，但这个场景中的俗套情节形成了一个循环，无路可逃。男士无法决定，对他来说，谁是真正的他者。一位女士嫉妒心很强，因为她认为另一位女士实际上就是男性主体内在构成中的最根本的他者，而另一位女士对前一位女士的嫉妒心感到愤怒。如此等等。这样就创造出一个无尽的循环。过了一会儿，三个人物都意识到这个循环是永恒的，他们在地狱里，一个永恒的地狱。我给你们读读结尾。男主角说道：

　　我跟您讲，一切都是预先安排好了的。他们早就预料到我会站在这壁炉前，用手抚摩着青铜像，所有这些眼光都落到我身上，所有这些眼光全都在吞噬我……（突然转身）哈，你们只有两个人？我还以为你们人很多呢？（笑）那么，地狱原来就是这个样。我从来都没有想到……提起地狱，你们便会想到硫黄、火刑、烤架……啊，真是莫大的玩笑！何必用烤架呢，他人就是地狱。

　　你们看，对萨特来说，他人出现在意识构成里面。我们在这里也要面对他者问题的内在化，但是用一种内在的、基本的方式。这就是所谓的"为他"（pour-autrui）。一方面，所有的意识被界定为自为存在、反思性的存在。我们在萨特最重要的哲学书里可以读到这样的话："意识是这样一种存在：它在它的存在中关心的就是它自己的存在。"[①]这样，意识是反思性的自我实现。但另一方面，它也是纯粹意向性，与外在于它的东西建立直接关系。完整的句子是这样的："意识是这样一种存在：只要这个存在暗指着一个异于其自身的存在，它在它的存在中关心的就

---

　　① 中译借用了陈宣良先生翻译的萨特的作品《存在与虚无》（三联书店 1987 年版，第 21 页）。——中译注

是它自己的存在。"顺便说一下，要注意，这句话里使用非常多的"存在"一词指的是专属于意识的存在，萨特十分正确地指出，这实际上就是虚无。意识，在徒劳地寻求自己的存在中，在一遍又一遍地追问存在中穷竭了自身。它意识到，在它真正的运行中，它无法发现的它自己的存在，就是虚无。而萨特对自由的定义就是虚无化的操作。

无论如何，对萨特来说，我与他人的关系是最基本的关系。尤其是意识的存在关系到自身之外的其他意识存在，那么与其他意识的关系，一直就是意识存在的根本。在涉及同他人关系的时候，有两个主要选项。一方面，我的欲望是对他者的客体化，将他人作为一个对象，将他们的主观层面还原为一个对象，通过这个对象，我将我自己理解为自由的。我们为什么要通过这种经验来将自己理解为自由的？因为一切并不自由的东西必须在他者那里有所投射。我让他者承担起奴隶的命运，因为我这样做，我就是拥有自由的人，这就是我的自由，也只有我有这种自由。在存在论意义上，在广义上，萨特称这种人为虐待狂（sadisme）。另一方面，我的欲望就是将我们自己变成他者的对象，而我的自由也取决于他者的自由。在这种情况下，我的自由将我自己贬低并妨碍着他人的自由。其目标是迫使他人以这样的方式来行动，即我仅仅是他们的对象，实际上，我自由地操纵他人，让他们产生在他们自由里奴役着我的幻象。这就是受虐狂（masochisme）。

实际上，在这个时期的萨特这里（后来，他在一定程度上改变了他的想法），这个版本下的与他人的关系，非常容易理解为他人关系的两个选项，即虐待狂和受虐狂。这就是自由的两个可能的位置。要么通过将意识变成纯粹的虚无状态，将自在存在从我自己当中驱逐出去，将其献祭于他者，我实现了我的自由；要么相反，我通过我自由地变成一个纯粹对象，一个自在的幻象，介入到他者的虚无当中。

问题在于，这两个选项之间或许完全没有关联，或许如果他者或他人并不像我一样玩同样的游戏，意识主体就将陷入困境。游戏的复杂性对他者形象的冲击就是戏剧中提到的"地狱"，因为这些游戏没有最终的答案。唯有当他者回应我们的需求时，自由才能存在，但因为这也是与他人的关系问题，所以他们也不可能作为自由主体而存在，除非我回应他们的需求。如果我与他人之间的需求有所重合，那么就会出现萨特所谓的旋转门（tourniquet）①。归根结底，与他者的关系通常称为出路。你们所有人都经历过争论，但如果你们走近些看看那些争论，就会发现，它们通常都是旋转门，情侣的争吵尤其如此。每一个人都试图将指责施加在对方身上的东西，通常就是旋转门。当然，由于你们每个人都深陷其中，你们只能在其中永远打转转，直到你们可以说：我们从来没有互相理解过。当然，反之亦然。所以，萨特所谓的主观的地狱，有点像笼子里的动物，它在旋转门里不停地跑来跑去，在旋转门里，与他人的两种关系，即虐待狂和受虐狂可以不断地颠倒互换。自由本身创造了与他人关系的旋转门，因为这就是存在的命运。

这样，我们已经陷入了某种困境，因为在某种程度上，人本主义的同情遇到了这样一个事实，即内在性为自己隐藏了这样的能力，而在生命中该能力也不一定十分明显。不过，在我们刚

---

① Tourniquet 在这里有两个意思，一个是代表出路的旋转门，另一个指如果发现不了这是一个旋转门，主体就只能在旋转门里打转转。所以 tourniquet 既代表出路，也代表无法逃脱旋转门，这里虽然翻译为旋转门，但要注意，这里也代表旋转门就是出路。——中译注

刚谈的问题里，对他人的依赖反而是一个极端，与此同时，它也产生了在生命上毫无可能的形象，一种永远在旋转门里打转转的形象。

要走出困境，我们就需要回到黑格尔所提出问题的原初形式。事实上，这是一个非常有意思的历史问题。在哲学史上，长期以来，他者的问题，将他者作为另一个主体，作为另一个心灵，另一个意识，另一个人的形象，从来没有获得像后来那么高的地位。这或许是因为主体理论在很大程度上仅限于灵魂的实体理论，其效果是，在经典形而上学里，存在着一种倾向，为了将主体性，将其内在性客观化，而掩盖了其依赖性或外在化。这大概就是"灵魂"一词的意思。个体在根本上就是一个灵魂。但在形而上学上，灵魂是以复杂方式与身体相关的实体，或者说它是身体的一种形式，甚至是更为复杂的身体形式。所有这些学说都没有为他者辩证法的探索留下任何位置。

可以认为，在柏拉图的《智者篇》中有一个非常棒的他者辩证法，但这是一个本体论范畴的理论，而不是他者的理论。在柏拉图那里，与巴门尼德不同，大他者理论需要一个非存在的形象，让大他者不同于同一性。但这种理论并没有直接应用于人类关系，没有用于思考他者。

重要的是要承认，在 18 世纪，他者问题才在西方形而上学的历史上成为一个问题。黑格尔在《精神现象学》中概括了这个问题，但我不认为其概括方式十分清楚，只能算是很基础的概括。这就是著名的主奴辩证法。

对主奴辩证法的完整分析需要一整堂课，尽管如此，我还是认为你们已经很熟悉主奴辩证法了。我只想引述一个最重要的句子，并对之做简要评述。这个句子就是："一旦自在和自为为了另一个自我意识而存在，那么自我意识便自在自为地存在着。"实际上，黑格尔给出了一个更早的肯定性的萨特的旋转门的版本，顺便说一下，萨特直接受到黑格尔的影响。这就是我要强调的东西。黑格尔的版本可以完全等同于萨特的版本，因为黑格尔的版本是一个更复杂的过程，不是简单的结构形象。对于黑格尔来说，一个人的意识同另一个人的意识的关系不是结构性的，不像虐待狂和受虐狂的旋转门一样，这是一个过程，或者你们几乎可以说，这是一个故事。

对于黑格尔来说，意识一方面就是一个存在，即自在，另一方面，它是一个反思，即自为。显然这是意识二分的经典命题，因为意识可以被理解为某种自在存在的东西，但与此同时，也可以将自身看成一种反思性的存在，看成自为的自在。然而，为了成为反思性的存在，它就像综合它的客观存在，即为了将自己视为自在和自为，就需要另一个意识来反映这个反思，作为另一个意识的存在的根基。

那么这意味着什么？用非常简单的话来说，这意味着个体不仅仅是一个对象，也是一个意识，即一个反思，如果他们是自为的，如果他们同自身的关系是一个思考的内在性，那么对于他们来说，为了完全认识他们自己，就需要另一个意识来反映出这个反思，将其作为他们存在的基础。换句话说，只有在两个意识相遇的时候，每一个意识才能构成一个意识。

显然，与他者的相遇绝对是十分重要的。如果不与他者相遇，意识的反思层面就会沦为自在存在的惰性部分。能激活意识的东西，能让意识向自身展现出自身之所是的东西，就是另一个意识。把握这个意识，让其参与到他者的存在之中。

与此同时，将反思性作为来自他者的客观对象，这个判断或许通常是所有判断的判断，包括否定的判断。例如，你遇到某个你认识的人（这是其中的一个例子），你说："啊，那家伙自视甚高！"你在干什么？首先，你在说，他是自在的，因为他可以被界定为你的看法，但他也是自为的，因为他对自己有很不错的看法。你固化了他，你将他构成一个作为客观存在和反思存在综合的个体。这就是黑格尔用他自己的话说得非常简单的东西。但很明显，每个人都会以这样的方式与他者相关，每一个人都期望他人将他们视为一个反思性的客观性，尤其是我期望他人认为我就是我认为的我。因为每一个人都期望获得他人的承认，而那就会有冲突。这就是黑格尔所谓的为承认而斗争。为承认而斗争的辩证法，成了个体将自己构成自我意识的完整图示，个体渴望获得他人的完全承认。黑格尔解释说，这个斗争会有一个赢家，这个赢家会让他人以各种方式为其工作。这就是为什么这个辩证法被称为主奴辩证法。或许应该翻译为"支配"和"服从"的辩证法。像"主人""奴隶"这样的词不能从字面上来理解。他人可以通过各种不同的方式来为你服务，但这并不代表他人会为你耕地，为你种麦子。他者肯为你工作，是因为你要求了从他们那里得到的承认，在这个方面，你也将承认施加于他们身上，因为你并不是必须承认他们。这就是任何人都会有的经验，所以实际上借助承认的形象，有多种方式来服务于某人。这可以是主观的工作、依赖性的工作，等等。

如果我们先将之放在一边，我们便有了简陋的萨特图示，萨特图示说：赢得承认斗争的人是虐待狂，而没有满足于被承认的人是受虐狂。但这不完全是黑格尔的说法，他说劳动的人实际上是真正的赢家。实际上，维持其地位的劳动的人必须生产创造，而所有其他人所做的，就是轻松地坐在他们的位置上，接受敬仰和承认。黑格尔甚至更推进了一步，因为他解释说——但是，我在这里只能对这些精彩绝伦的段落给出最简要的评述——实际上，当奴隶的人，为主人工作，恰恰是他创造了新的思想。而那个试图在没有得到承认的困境中求生存的人，会创造出一种新文化。这就是黑格尔的原话。所以在黑格尔看来，知识创造力是奴隶的能力，主人从他那里寻求的最终是错误的承认，因为最终会产生影响的，最终被所有人承认的，只能是那些被奴役的人的劳动成果。

　　一旦理解从事劳动、生产、创造的人，在他者的背景下，借助他的生产创造能力，成为他的主人的主人，我们就终于可以回到原初的描述。我们了解到，他者内在于所有的同一性，这意味着我就是我自己，因为我是他者的他者，而对他者来说，我就是我自己。这里没有绕圈圈，这就是自由的真正基础。这就是黑格尔的意思：自由的人不是主人。归根到底，自由的人是奴隶，因为自由就是从自己的情境中创造出某种东西，而不是在错误的永恒幻觉之上坐吃山空。

　　唯有当我承认他者的自由时，我才是自由的，这就是自由的基础。但他者也是友爱的基础，因为我们每一个人都是他者的他者，所以我们彼此在一起。友爱是一种在同一性内承认他者的方法。这就是友爱：在同一性之内，在我们所处的共同体之内，要承认还有他者存在。显然，这就是平等的基础。我认为没有一个人比我自己更像他者，所以其他人不会比我更缺少人性。所以，自由、平等、博爱在任何情况下都是说他者在所有同一性之内，最终也是说人类是一个整体的不同方式而已，新革命的目标就是让我们走出新石器时代，让所有人都达到最根本、最原初共同体的集体性组织，那么这个计划最关键的基础就在于他者的内在性，而不是外在性。于是，他者就是肯定性存在的试金石，它实际上肯定并获得了人类共同体。这就是为什么他者——外国人、游牧无产者、难民——就是所有政治的最主要的范畴，即所有政治都要走向第二次革命。这种政治是特殊形式下的他者范畴的动态化。借助他者，我们的共同性具体实现为共产主义。由于新石器时代之后的革命，某种完全不同的东西终将在历史上出现。人类是在这个原则基础上组织起来的，即他们在任何地方都是作为同样的人被承认，在每个人那里，对任何他人如同对我自己一样，人们必须在任何地方共享对我们所有人来说都是共同的东西。新石器时代革命创造了我们今天仍然所是的人类，我们有本事且十分勤劳，主宰自然且无所不在，但同时充满了不平等和残酷。新石器时代之后的第二次革命，即共产主义革命将会到来，且必须到来。

第二章

十三条论纲和对今天政治的若干评论

何为真正生活

命题 1：当下世界情形的主要特征是自由资本主义的领土霸权和意识形态霸权。

评论：这个命题太明显、太寻常了，不需要我评论。

命题 2：霸权绝不是处在危机中，更不用说陷入麻木，相反，霸权处在其霸权实施的一个特别强的阶段上。

评论：资本主义全球化完全就是今天的霸权，有两个互相对立的命题，两个命题都是错误的。第一个是保守派的命题：资本主义，尤其是与代议制"民主"结合的资本主义，是人类经济和社会组织的终极形式。事实上，这就是福山意义上的历史的终结。第二个命题是资本主义已经进入其最终的危机当中，或者有的干脆说资本主义已经死亡了。

第一个命题无非是 20 世纪 70 年代末意识形态进程的重复，那时候知识分子的叛徒们称之为"红色岁月"（1965—1975），他们仅仅是从所有可能的领域中消除共产主义的假设。他们让一个简化版的主流宣传成为可能：不再需要为资本主义唱赞歌，只需要坚持认为，事实已经证明那些不过是罪恶的"极权主义"。

在这种认为"共产主义绝无可能"的裁定面前，我们唯一能采取的行动就是坚持共产主义，超越过去几个世纪的零零散散的经验，判定共产主义假设的光明未来，并且相信共产主义具有实力和解放的潜能。这就是今天发生的一切，也是未来注定要发生的事情，这就是我要在这篇文章里做的事情。

第二个命题的两种形式——穷途末路的资本主义或业已死亡的资本主义——通常都以 2008 年的金融危机以及日常生活中所暴露出来的各种腐败的情节为基础。他们得出，要么这个时代的革命时机成熟了，所要做的事情就是对整个"体系"给予致命一击，让其分崩离析；要么我们不得不做避让和退却——例如，向国家避让——我们意识到我们新的"生命形式"都已经得到了充分发展，资本主义机器在彻底的虚无中徒劳地运转着。

这些都与今天的现实没有丝毫关系。

首先，2008 年的危机就是经典的过度生产导致的危机（美国建了太多的房子，在信用基础上，卖给了那些无力偿还债务的人），只要时间足够，危机的传播会给资本主义带来新的朝气，而强大的资本集中过程让资本主义变得更加巩固并走向繁荣，其弱点被清洗干净，其优势得到了强化。在这个过程中，第二次世界大战结束之后建立起来的"社会法则"在很大程度上被清算，而资本主义从中获得了巨大收益。一旦这个痛苦的清洗过程彻底实现，就会出现我们今天看到的"复苏"。

其次，资本主义的统治扩张到世界的绝大多数区域，使全球市场无论在强度上还是在广度上都发生了严重分化，而这个过程远远没有完成。几乎所有的非洲国家，大部分拉美国家，东欧国家和印度：这些地方都处在"过渡"中，它们要么是被掠夺的区域，要么是"新兴"经济体，这些新兴经济体只能依照东亚一些国家的范例来建立大范围的市场。

最后，资本主义的本质就是腐败。一个以"利益优先"为唯一规则，且在世界范围内黑吃黑式竞争的社会体系如何能够避免广泛的腐败？反腐的"案子"不过是打边鼓的操作，要么是出于宣传目的的地方清洗，要么是竞争对手之间定下的规则。

实际上，现代资本主义，全球市场的资本主义，尽管已经至少有几百年了，但在历史上，它不过是一个非常晚近的社会形态，在 16 世纪至 17 世纪，它滥觞于征服世界，在此期间，被征服的土地臣服于单一国家十分有局限的、贸易保护主义的市场。今天，掠夺已经变成全球化的掠夺，而无产阶级已经遍布世界上的每一个国家。

命题 3：三个主要矛盾正在摧毁资本主义的霸权。

（1）资本所有制高度发达的寡头体制留给新主人加入这个寡头俱乐部的空间越来越小，那么有可能特权阶级越来越固化。（2）金融和商业网络被整合为一个单一的世界市场，这意味着，为了彼此间对立的民族国家实体，要对各个国家的人民群众进行治安管制。这有可能爆发全球战争，出现一个彻底的由全球市场组成的霸权国家。（3）今天有一种疑虑，按照眼下的发展道路，

何为真正生活

资本能够让全世界的劳动力都去劳动，这样就有一个风险，有一大群赤贫最终在政治上极度危险的人会在世界范围内滋长。

评论：对于（1），现在有 264 个人，他们的财富集中的趋势一点也没有减弱，他们拥有的财富与其他 30 亿人拥有的财富一样多。在法国，10% 的人拥有其他 50% 的人的全部财富。这样的财富过度集中的情形是史无前例的。这个过程远未结束，还差得远呢。有一个非常怪异的状态，显然这个怪异状态不会持续太长时间，但这个状态内在于资本主义发展，甚至是资本主义背后的最主要的引擎。

对于（2），美国逐渐逐渐被围剿了。中国和印度已经拥有全球 40% 的劳动力，这代表着西方去工业化的恶劣结果。事实上，现在的美国工人只占全世界劳动力的 7%，欧洲更少。这样严重分化的结果是，美国出于军事和金融的理由仍然支配着世界秩序，现在可以看到出现了能够与之抗衡的力量，他们要求分享世界市场的权力。在中东、非洲等地已经爆发了冲突，还会有更多冲突。冲突的结果只能是战争，正如过去一个世纪里，刽子手们已经充分地证明了这一点。

对于（3），今天 20 亿至 30 亿人或许不是资本主义的老板，不是失地农民，也不是小资产阶级的工薪一族，更不是工人。他们在世界上无处不在，拼命找个活计来谋生，他们成了游牧无产者，一旦变成政治问题，他们将成为既定秩序最大的威胁。

命题 4：在过去 10 年里，发生了大量的甚至十分暴力的反抗，他们反抗自由主义资本主义的霸权的这个或那个方面。但霸权毫无难度地镇压了他们。

评论：这些运动有四种类型。

（1）短期的、地方性的暴动。诸如伦敦和巴黎等大城市郊区已经有了大范围的自发性暴动，通常是对警察滥杀无辜年轻人的反应。要么这些暴动没有得到受到惊吓的公共意见的支持，被无情地镇压了，要么之后出现了广大的"人道主义"动员，关注的是警察的暴力，在很大程度上是非政治性的关注。

（2）持续的起义，但没有组织动机。其他一些运动，尤其在阿拉伯世界里，有着更广泛的社会基础，也持续了更长时间。他们象征性地站立在广场。出于选举的诱惑，他们的成员往往会减少。最典型的例子是埃及：那里有大范围的群众运动，在否定性的统一口号"穆巴拉克下台"之下取得了成功——穆巴拉克下台了，并遭到逮捕——警察没有能力控制广场，埃及基督徒和穆斯林形成了明显的联盟，军队是中立的……但是，政党为了选举出现在群众中——而不是出现在运动中——我们知道，穆斯林兄弟会赢得了选举。运动中最有战斗力的成员反对这个新政府，这样为军队的干预铺平了道路，军队让一个将军——阿卜杜勒·法塔赫·塞西掌权了。他无情地镇压了所有的反对运动，首先镇压了穆斯林兄弟会，然后是年轻的革命者，事实上他们恢复了旧体制，甚至比以前更糟。这个剧情的循环往复尤其令人嗟叹不已。

（3）会产生新政治力量的运动。在某些情况下，运动可以创造完全不同于旧代议制习俗的新政治力量出现的条件。如希腊的激进左翼联盟（Syriza）的例子，还有西班牙的"我们可以"（Podemos）党。这些新力量在议会的多数意见中让自己削弱了。在希腊，齐普拉斯（Tsipras）领导的新政府，对于欧洲委员会的禁令，没有任何抵抗就让步了，从此走向了无止境的紧缩政策。在西班牙，"我们可以"党也陷入联盟博弈的斗争中，无论是与多数派的斗争，还是与对立派的斗争。从这些组织革新中没有看到产生新政治的迹象。

（4）相对长期的运动，但没有明显的实际影响。在某些情况下，除了少数经典的战术片段 [如"越行"（dépassement）的传统示威，一群组织去面对警察几分钟] 之外，他们没有政治革新，从而导致了全球范围的保守反动派的人物的复兴。以美国为例，"占领华尔街"的主要的反效果就是特朗普的上台；在法国，"黑夜站立"（Nuit debout）的结果是马克龙的上台。

命题 5：过去 10 年运动的孱弱，原因是缺少政治性，或者借助各种形式，对政治怀有敌意，一系列迹象可以表明这一点。

评论：尤其是下面的内容应该被视为政治主体性十分羸弱的标志：

（1）统一的标语全部是否定性的标语。"反"这个或那个，"穆巴拉克下台"，"1% 的寡头下台"，"对劳动法说不"，"没人喜欢警察"等等。

（2）时间视野太狭窄。既对过去缺乏认识（除了几幅讽刺漫画之外，这些运动实际上都没有回顾过去，提出的东西没有丝毫创造性），也没有放眼于未来，仅限于对自由或解放的抽象考察。

（3）太过依赖敌人的词汇。最主要的例子是喜欢使用像"民主"这样含混不清的范畴，或者使用"生命""我们的生活"这样的范畴，用既存范畴来投入集体行动是无效的。

（4）盲目地膜拜"新"，蔑视既定真理。这直接来自商业上对"新"产品的崇拜，来自长期以来的一个信仰，即认为一切只是"刚刚开始"，实际上以前已经发生过无数次了。同时这也阻止了人们从过去学习经验教训，阻止人们理解结构性重复是如何发生的，从而使人们坠入伪"现代性"之中。

（5）荒谬的时间尺度。他们假借马克思主义的"货币－商品－货币"的流通尺度，误认为私有制或财富的恶性集中之类的数千年都没有得到解决的问题，能够在几周的"运动"中得到处置，甚至得到解决。他们没有看到，大部分资本主义现代性不过是几千年以前，即从新石器时代"革命以来"就建立起来的三头体制的现代版本，这个三头体制就是：家庭、私有制、国家。因此，共产主义体制，从构成共产主义最核心的问题来看，是以世纪为尺度的。

（6）与国家的关系太过赢弱。这里的问题是，从武装力量和腐败的潜在趋势来看，长期以来低估了相对于某个"运动"国家拥有的资源和力量。尤其是以选举式代议制为特征的"民主"发生腐化的后续影响被低估了，这种腐化的意识形态的统治直接支配了绝大多数人。

（7）在没有评价不同方法在遥远的过去或近期的影响的情况下，就混用这些方法。至少从"红色岁月"开始，或者甚至在过去200年的时间里，诸如占领工厂、工会斗争、合法示威、建立可以在当地直接与警察面对面的组织形态、掌握建筑、扣押工厂的老板等等，从这些方法中不可能得出被广泛接受的结论。从其静态的对立面也得不出任何结论，例如，蜂拥而至的人们在公共广场上长期的、重复的集会，在那里，无论他们有什么样的观念、什么样的语言天分，所有人都不得不讲三分钟，最终的目的不过是重复同样的行为。

命题 6：我们需要记住不久的过去的最重要的经验，并反思它们为什么失败了。

评论：从"红色岁月"到现在。

关于命题 5 的评论似乎非常有争议，或对于我提出的要重新进行批判性考察的各种形式的行动，这个评论太过悲观，令人绝望，尤其对于那些士气高昂的年轻人来说更是如此。但你们要记住，1968 年及之后，我自己就经历过，并热情洋溢地参与过与此极为类似的行动，因而我有机会对之做长期观察，并足以评判其缺点所在。我感觉到近期的运动是在浪费能量，好像这些运动很新，其实不过是在重复 1968 年五月风暴（法国 1968 年 5 月爆发的一场学生运动）中著名的所谓的"右翼"片段，没有考虑到传统左翼会滋生出右翼来，或者同样以这种方式滋生出极左翼，他们以自己的方式谈论了"生命形式"，我们将他们的战士称为"无政府的狂想家"。

实际上，1968 年有四种不同的运动：

（1）青年学生运动。

（2）大工厂的青年工人运动。

（3）工会罢工，旨在控制前两个运动。

（4）与诸多组织相竞争，出现了新的政治动向，其目标是尝试建立前两种运动的对角型联合（une diagonale unificatrice），给予他们一种意识形态和战斗性的力量，为他们保障一种真正的他们自己的政治的未来。事实上，这至少持续了 10 年时间。我承认，它并没有取得任何历史成就，但这一事实不应导致曾经的事情再次发生，人们甚至不知道他们正在重复过去。

我只记得，在 1968 年 6 月的选举中，大多数人投票给了反动势力，也就是第一次世界大战以后的"蓝色地平"①（bleu horizon）的多数派。2017 年 5 月至 7 月的选举结果，就是马克龙的大胜，他是公认的全球金融资本的仆役。这些应当让我们停下来思考一下所有这些行动的重复性后果。

命题 7：运动中的政治应该具有五个特征，涉及口号、战略、词语、一个主要原则以及一个清晰的战术。

评论：

---

① "蓝色地平"是由前军人组成的一个组织，他们统一制服的颜色就是蓝色，他们在第一次世界大战后以压倒性的优势赢得了法国下议院的选举。——中译注

何为真正生活

（1）主要口号应该是肯定的，这样做的代价可能是撕裂之前的否定性的联盟，这个否定性联盟已经被超越了。

（2）在战略上，口号要恰当，这意味着他们需要理解之前运动已经摆上日程的各个阶段的问题。

（3）掌控所使用的词语，这些词语要连贯一致。例如，"共产主义"与今天的"民主"就不连贯一致，"平等"与"自由"就不连贯一致。要禁止使用任何实在性的身份术语，如"法国人"或"国际共同体"或"欧洲"，也要禁止诸如"欲望""生命""人"之类的心理学词语，还要禁止与既定国家秩序相关的词语，如"公民""投票"等等。

（4）一个主要原则，我称之为"观念"，应该能长期用来反对情势（situation），因为它具体代表着非资本主义体系的可能性。

在这里，我们需要引述马克思谈到运动中的出现方式时对典型的战士的界定："共产党人到处都支持一切反对现存的社会制度和政治制度的革命运动。""在所有这些运动中，他们都强调所有制问题是运动的基本问题，不管这个问题的发展程度怎样。"①

（5）在战术上，运动总是需要尽可能地达到目的，需要一个能联合起来的实体，从其角度来进行有效的讨论，并从中阐明和判断情势。正如马克思所说，政治上的战士就是总体运动的一部分，他们不能与运动分离。他们的差别仅仅在于他们有能力将运动放在一个更为宏大的场景中，在这个基础上，计划下一步该做什么，但在这两点上，更不能以联盟为借口，不能向保守派观点做出让步，尽管这种保守派观点很容易占上风，在主观上它们有很大的号召力。革命的经验已经说明，批判性的政治因素可能以这样的形式出现：召开会议，例如群众大会，在大会上演讲者做出决定，而演讲者也可以彼此面对面。

命题8：政治必须确保运动的精神持续一段时间，这段时间与国家持续的时间大致相当，这个时间段不仅仅是国家统治期间对其否定的片段。其基本定义是，它可以在人民群众的不同成员之间，在最广泛的范围内，组织一场讨论，讨论一个能够做长期

---

① 马克思恩格斯选集：第一卷 . 3 版 . 北京：人民出版社，2012：435.——中译注

宣传，并能用于未来运动的口号。政治为这场讨论给出了一个基本框架，它断定当前人们至少有两条可选择的道路：资本主义道路和共产主义道路。前者仅仅是新石器时代经过了几千年发展之后既定存在的当代范式。后者是在人类形成、发展过程中给出的第二次全球性的系统的变革。它给出了新石器时代以来的出路。

评论：这样，借助广泛的讨论，要求政治确定具体的口号，口号要具体体现出当下状况中的两条道路。口号之所以具体，是因为它只能来自群众运动的经验。从中政治学会了，别管采取何种方式，为了铺平共产主义的道路，什么可以用来具体地发动有效的斗争。那么，政治的直接任务并不是针锋相对，而是要能持久，对观念、口号、动机进行实事求是的研究，让它们能具体地保留两条道路的存在，其中一条道路是保存现状，而另一条道路要求按照平等原则实现彻底的变革，而新的口号就要体现出平等原则。这场运动的名称就叫作"群众工作"。在运动之外，政治的本质就是做群众的工作。

命题 9：政治就是面对来自四面八方的人民。我们绝不可能解释资本主义强加的各种不同的隔离形式。

评论：这意味着，尤其对于受过教育的年轻人（在新的政治形式的诞生中，他们扮演着十分重要的角色）来说，需要不断努力与其他群体保持联系，尤其是那些最贫困的群体，他们对资本主义的冲击是最具破坏力的。在当下的条件下，我们国家乃至全世界，需要优先考虑在整个潮流中排除万难抵达这里的广大的游牧无产者，就好像当年对待来自奥弗涅和布列塔尼地区的农民一样，这些无产阶级在这里以当工人来谋生，因为他们就像当年的失地农民一样，不可能再回到他们的故土。在这种情况下（同其他地方一样），方法是对各种场所进行耐心的研究：市场、城市、公寓、工厂……但首先要做的一些细微工作是，建立组织，确定口号，散播口号，将口号传播到下层劳动者那里，与不同的具体保守派针锋相对，等等。这是一个令人振奋的工作，我们知道能够积极地坚持不懈地做是其中的关键。其中非常重要的一个步骤是，到学校里传播关于两条不同道路斗争的世界历史，关于其成败及在当下的主要困难的知识。

为了这个目的，1968 年的五月风暴之后我们曾建立过这样的组织，而我们现在可以并且必须重新建立这样的组织。我们需要恢复我之前提到的装置上的对角线关联，今天在青年运动、一些知识分子以及游牧无产者之间就存在着这样的对角线关联。到处已经建立了这种关联。这就是当下真正的政治任务。

发生变化的是大城市郊区的去工业化运动。此外，这就是工人阶级支持极右翼的根源所在。我们需要与之斗争，向工人解释，为什么以及如何在短短几年时间里牺牲了两代工人，同时还需要尽可能地研究与之相反的过程，即亚洲经历了极其狂野的工业化过程。在过去，在今天，工人的工作都是国际性的，即便这里也是如此。在这个对角线式关联中，需要为全世界工人办一份杂志。

命题 10：今天所有真正的政治组织都不复存在。所以我们的任务是探索重建政治组织的道路。

评论：组织来负责研究，负责将群众工作和由此而确定的具体口号结合起来，并将之放在更宏大的画面当中，扩大运动的影响，保证其效果能长期持续下去。不能从形式和程序来判断一个组织，这是判断国家的方式，而要从真正能担负起责任的能力来判断。这里非常值得引用一下毛泽东的名言：组织就是"从群众中来，到群众中去"。

命题 11：今天法国传统党的形式已经日薄西山，因为它并不是按照命题 10 的能力（做群众工作的能力）来界定的，而是假装"代表"（représenter）工人阶级或无产阶级。

评论：我们必须与这种代表的形式决裂。政治组织是工具性的，而不是代表性的界定。此外，"代表"意味着"被再现的身份"。但政治领域必须排除身份。

命题 12：我们已经看到，政治的定义与国家没有关系。于是，政治的发生与国家"保持一定的距离"（à distance）。不过，在战略上，必须要摧毁国家，因为国家就是资本主义道路最寻常的守夜人，尤其是因为国家保护着生产方式和交换方式的私有制的权利。中国革命家曾经说过："我们必须与资本主义法律决裂。"最终，政治行动与国家的直接对抗，就是保持距离和否定的混合。实际上，其目标是，反对国家的公意将逐渐包围国家，政治立场已经与国家完全不同。

评论：对这个问题的历史评价非常复杂。例如，1917年的俄国革命，当然结合了最广泛的反沙皇体制的阶层，由于战争，即便在农村亦是如此，俄国革命经历了强大的、长期的意识形态的准备工作，尤其在知识分子阶层中更是如此，工人和士兵起义形成了真正的群众组织，即"苏维埃"。在布尔什维克的领导下，俄国形成了一个强大而多样的组织，在强大的信念下，具有最优秀演讲能力的演说者，通过循循善诱的方式能召集群众集会。他们发动了一场成功的起义，并进行了艰苦卓绝的内战，尽管有大量的外国势力介入，但他们最终赢得了革命胜利。中国革命是一个完全不同的过程：跨越广阔乡村地区的长征，人民政权的形成，真正的红军，长期占领华北的农村偏远地区，在那些地区，进行了彻底的土改，与此同时，人民军队建立起来，整个过程持续了30多年的时间。所有这些都不能移植到我们的情况之中。从整个过程我们可以得出一个结论：在任何情况下，任何形式的国家都不能代表或界定解放政治。

所有真正的政治的完整的辩证法至少有四个要素：

（1）两条道路的斗争，即共产主义道路和资本主义道路斗争的战略性观念，毛泽东说，没有"舆论准备"，革命就不可能成功。

（2）在群众工作的形式下，由组织来领导这种观念或原则的具体行动。从口号和成功的实践经验出发，在群众工作中实现去中心化的交流活动。

（3）政治组织为历史事件下的群众运动服务，既要服务于其否定性的共同体，也要帮他们重新界定一个肯定性的方向。

（4）通过对抗和包围，我们必须摧毁作为资产阶级代言人的国家权力。

在真实生活的条件下来设计这四种要素的当代布局，既是我们时代的理论问题，也是我们时代的实践问题。

命题 13：当代资本主义的情形存在着一个矛盾，即市场的全球化和对人民的治安与军事控制在很大程度上仍然是民族国家式的管控之间的矛盾。换句话说，全球商品的经济体系和仍然保持着民族国家色彩的必要的国家保护之间的矛盾。后者被帝国主义之间的对抗复活了，尽管形式已经有很大不同。尽管形式发生了变化，战争的风险却在增加。如果有可能，未来政治也需要尽可能地阻止全面战争的爆发，因为它将让这个时代的人类陷入危险。也就是说，历史的选择是：要么人类与当代新石器时代，即与资本主义决裂，在全球范围内进入共产主义阶段；要么停留在新石器时代，而这将面临爆发核战争的巨大危险。

评论：一方面，今天的强权国家试图联合起来保障世界贸易的稳定，尤其是与贸易保护主义斗争；另一方面，强权国家各自秘密地为争夺自己的霸权而斗争。其结果之一就是19世纪以英法为主发动的公然的殖民运动，但最终，对整个国家进行军事占领和行政管制的殖民模式走向终结。我提出了一个所谓的新殖民运动，取代了之前分区域的殖民运动：在整个区域（伊拉克、叙利亚、利比亚、尼日利亚、马里、中非共和国、刚果等等），政府会被摧毁、被清洗，这个区域变成了被掠夺区域，地球上的武装帮派和所有的资本主义掠食者蜂拥而至。或者新政府由一些与全球大公司有着千丝万缕联系的既得利益者组成。帝国主义对抗已经覆盖了广阔的区域，权力关系不断发生转变。在这些条件下，会爆发某些失控的军事事件，人们瞬间就会处在战争的边缘。各方阵营已经相当清晰：到处都是核武器，一边是美国和"西方－日本"盟友，一边是俄罗斯等国家。我们所能做的就是记住列宁所说的话：要么革命阻止战争，要么战争引发革命。

于是，我们可以这样来界定未来政治工作的最高事业：这是人类历史上第一次让前一个命题即革命阻止战争，而不是让后一个命题即战争引发革命，成为可能。事实上，在第一次世界大战之后的俄国和第二次世界大战之后的中国，后一个命题的可能性已经得到实现。但代价惨重！多么长期的一个结果呀！

让我们怀抱希望，让我们行动。任何人，在任何地方，都可能卷入本书所涉及的真正的政治之中。那么，告诉卷入真正的政治之中的那些人周围的人他们干了些什么。一切都是这样开始的。

图书在版编目（CIP）数据

何为真正生活／（法）阿兰·巴迪欧著；蓝江译. —北京：中国人民大学出版社，2019.7

ISBN 978-7-300-27203-0

Ⅰ.①何… Ⅱ.①阿… ②蓝… Ⅲ.①人生哲学 – 青年读物 Ⅳ.① B821–49

中国版本图书馆 CIP 数据核字（2019）第 159702 号

人文书托邦

何为真正生活

[法] 阿兰·巴迪欧（Alain Badiou） 著

蓝江　译

He Wei Zhenzheng Shenghuo

出版发行	中国人民大学出版社	
社　　址	北京中关村大街 31 号	邮政编码　100080
电　　话	010–62511242（总编室）	010–62511770（质管部）
	010–82501766（邮购部）	010–62514148（门市部）
	010–62515195（发行公司）	010–62515275（盗版举报）
网　　址	http://www.crup.com.cn	
经　　销	新华书店	
印　　刷	涿州市星河印刷有限公司	
规　　格	145 mm × 210 mm　32 开本	版　次　2019 年 8 月第 1 版
印　　张	5.125 插页 3	印　次　2022 年 7 月第 5 次印刷
字　　数	74 000	定　价　38.00 元